U0693089

生活中不可不知的心理学

轻松掌握心理学，全面了解和应用心理学知识及技巧，完美解决生活中出现的各种问题，让你成就梦想，改变生活。

彦靖◎编著

生活中不可不知的
心理学

研究出版社

图书在版编目（CIP）数据

生活中不可不知的心理学 / 彦靖编著.
— 北京：研究出版社，2013.1（2021.8重印）
ISBN 978-7-80168-746-3

Ⅰ.①生…
Ⅱ.①彦…
Ⅲ.①心理学－通俗读物
Ⅳ.①B84-49

中国版本图书馆CIP数据核字（2012）第307072号

责任编辑：之　眉　　　　**责任校对**：陈侠仁

出版发行：研究出版社
　　　　　　地　址：北京1723信箱（100017）
　　　　　　电　话：010-63097512（总编室）010-64042001（发行部）
　　　　　　网址：www.yjcbs.com　E-mail: yjcbsfxb@126.com
经　　销：新华书店
印　　刷：北京一鑫印务有限公司
版　　次：2013年4月第1版　2021年8月第2次印刷
规　　格：710毫米×990毫米　1/16
印　　张：14
字　　数：205千字
书　　号：ISBN 978-7-80168-746-3
定　　价：38.00元

前 言
FOREWORD

生活中，人与人之间的相处和交往，不仅仅是语言和行动的表达，更是心灵与情感的碰撞，其实质就是一种心理的博弈。

心理是个神秘的东西，人们对它充满了好奇。为什么有的人不动声色却能指点江山、坐拥成功？为什么有的人轻轻松松赢得了上司欣赏、不断得到提升？为什么有的人能在社交场合中脱颖而出、如鱼得水？为什么有的人能在商战中长袖善舞、财运亨通？因为，这些人都懂得为人处世的心理策略，他们大多都是应用心理学的高手。

一个人不管天资多聪颖，自身条件多好，如果不懂得为人处世的心理，空怀热切的期盼，或者只是揣着一厢情愿的想法，最终的结局肯定是失败。有人说为人处世的心理如井水，如何晓得深浅，最终达到如鱼得水的境地，是需要下一番功夫摸清门道的。这门道就是一种与人相处的心理策略，一种与人交往的心理博弈。

在与人交往的过程中，会产生很多的心理效应，这就要我们了解他人的心理，唯有懂得了对方的心理需求，同时运用不露痕迹的心理战术，才会赢得别人的喜欢和欣赏，让自己拥有好人缘，成为社交中的赢家。

人与人之间的交往，实际上就是人与人的心理交往。如果能够抓住对方的心理特点，就能够迎合对方的喜好，轻松地与之交流沟通，并赢得对方的好感；反之，如果不顾对方的心理需求，往往会导致人际关系紧张、尴尬，甚至是矛盾冲突。因此，恰当运用心理博弈是与人交往的重要策略。

同样，心理博弈还潜在于爱情交往中，暗藏在职场、商海里，存在于日常应酬的每一个角落。只要善于洞察并掌握他人的心理，并且适当运用生活中的心理学，就能够巧妙地应对人情世故，在恋爱中幸福甜蜜，在交友中得到知己，在职场里游刃有余，在商场中叱咤风云，给生活增添一抹亮色，让人生左右逢源，移步生莲。

本书分别讲述了为人处世、赢得社交、成功交友、甜蜜爱情、玩转职场、纵横商场、求人办事、智慧说话、日常应酬中的心理博弈术，旨在帮助广大读者能够更好地与人相处与交往，顺顺利利办事，轻轻松松工作，快快乐乐生活，享受美好成功的人生！

目 录
CONTENTS

第一章　为人处世的心理博弈术

一个人不管天资多聪颖，自身条件多好，如果不懂得为人处世的心理，光有一肚子大道理，空怀热切的期盼，或者只是揣着一厢情愿的想法，那么他最终的结局肯定是失败。有人说为人处世的心理如井水，如何晓得深浅，最终达到如鱼得水的境地，是需要下一番功夫摸清门道的。这门道就是一种与人相处的心理战术，一种与人交往的心理博弈。

第二章　赢得社交的心理博弈术

在社会交往活动中，假如你能够把别人的心思像看书一样阅读的话，那么你交际将会十分成功。其实，人生就像一本书，如果你懂得了人们交际中的各种心理，自然也就读懂了这本书。社交本身就是一种心理上的博弈，只要你能读懂对方的心理，你就能够在博弈中取胜。

第三章　成功交友的心理博弈术

交朋友是一个大浪淘沙的过程，是从开始做加法然后逐渐做减法的过程。人的一生如果交上好的朋友，出自真情实意，又是志同道合，就不仅可以得到情感的慰藉，心灵的安抚，还可以互相砥砺，相互激发，成为事业的基石。然而，要想交到在生活和事业上无话不说、心有灵犀的知心朋友，除了真诚外还要读懂朋友的心理，学点交友心理学。

第四章　甜蜜爱情的心理博弈术

爱情是人世间最美丽的情感，因为有爱，所以有期待的愿望、有幻想的权利，能拥有真正的爱情的人可以说是不枉此生。然而越是太珍贵的东西，越不容易得到。因为男女生理和心理机制都存在着差异，当两个人要恋爱结婚时，难免会产生许多矛盾纷争。因此，要想拥有完美的爱情，就要知道如何攻进对方的心理。

第五章　玩转职场的心理博弈术

职场如同战场，竞争残酷而激烈。怎样在职场中立于不败之地，怎样在公司中创下丰厚业绩，怎样获得上司青睐并获得晋升资格……所有这些，是每个职场人士都非常关注的问题。要想在职场上游刃有余，仅靠个人工作成绩的优劣还远远不够，在注重个人内外兼修的同时，还应该善于经营人际关系，洞察他人心理，方能坐拥成功。

第六章　纵横商场的心理博弈术

　　商场如战场，在战场上行军讲究各种战术，商场上同样也需要战术的安排，只不过商场上的战术不用动刀动枪，而是心理上的一种战术。商场的心理战术是一门学问，如果你想踏入商海，做个时代的弄潮儿，为自己的事业开出一片广阔的天地，就需要你运用心理学的知识，解析你的对手，为自己赢得更大的商机。

第七章　求人办事的心理博弈术

　　要想借别人的力来为我们办事，首先要从心理上让别人愿意为你办事，不妨先从学着了解他人的心理开始。这就要求我们能把他人所想变成我们所想，同时，根据他人的心理设计自己的求人策略，这样就会在求人时更有针对性，更容易得到他人的帮助。

第八章 智慧说话中的心理博弈术

对别人说话，就像请客吃饭，每人的品位各异，不同的客人需上不同的菜。要想让自己的话语打动对方，让听话者心服口服，深得人心，就要洞悉听者的心理。会说话还要顾及听者的面子，说话含蓄委婉，避免尴尬局面的发生。这样，你就随时随地如鱼得水且受人拥戴。

第九章 日常应酬中的心理博弈术

应酬是人与人交往的一种沟通艺术。它存在于生活的每一个角落里，是为人处世非常重要的一门学问。生活中随处都需要应酬，如何把难办的事办好，把难应付的人应对好，这体现了一个人的智慧。应酬的实质就是人与人的心理博弈，只要洞察并掌握了他人心，你就能够巧妙地应对人情世故，给你的日常生活增添一抹亮色。

第一章　为人处世的心理博弈术

　　一个人不管天资多聪颖，自身条件多好，如果不懂得为人处世的心理，光有一肚子大道理，空怀热切的期盼，或者只是揣着一厢情愿的想法，那么他最终的结局肯定是失败。有人说为人处世的心理如井水，如何晓得深浅，最终达到如鱼得水的境地，是需要下一番功夫摸清门道的。这门道就是一种与人相处的心理战术，一种与人交往的心理博弈。

诚信才会赢得尊重与爱戴

在人际交往中，诚信是非常重要的。俗话说，人无信不立，当你违背诚信的原则时，便没有人愿意同你交往。诚实守信是一种道德品质和道德信念，是做人最起码的要求，更是一种崇高的人格力量。社会交往是人类必不可少的活动，而诚实守信为人处世的名片，也是一个人最有力的护身符。

在喜马拉雅山的南麓，有一个偏僻的小村子，很少有人涉足，近年却有许多日本人到这里观光旅游，据说这是源于一位少年的诚信。

有一次，几位日本摄影师请当地一位少年代买啤酒，这位少年为之跑了3个多小时。第二天，少年又自告奋勇地再替他们买啤酒。这次摄影师们给了他很多钱，但直到第三天下午那个少年也没回来。于是，摄影师们议论纷纷，都认为少年把钱骗走了。就在第三天夜里，那位少年敲开了摄影师的门。原来，他在一个地方只买到了4瓶啤酒，于是他又翻了一座山、蹚过一条河才买到另外6瓶，返回的路上不小心摔坏了3瓶。他哭着拿着碎玻璃片，向摄影师交回零钱，在场的人无不动容。此事使许多人深受感动，自从那以后，到这儿的游客就越来越多。

孔子曰："自古皆有死，民无信不立。"可见"诚信"是一个人的立身之本，也是人际交往维系的重要德行。"诚信"作为一种道德要求，意思是诚恳老实，有信无欺。然而，有些人在市场经济的大潮中却迷失了自我，急功近利、弄虚作假、伪善欺诈，客观上导致了人与人之间相互不信任，相互欺骗，严重扭曲了人与人之间真诚坦白、和睦友善的关系，从而陷入怀疑一切的境地。

诚信是交往的基础，是做人的根本。人如果没有信用，是立不稳门户的，也很难立于人世间。失信不仅有损友谊，也会破坏生意上的关系。一个在商业上没有信誉的人，是没有人愿意与他打交道的。

现在社会上的大多数人都把交往的重点集中在交往的技巧上，其实这是舍本逐末，缘木求鱼，难以达到搞好人际关系的最佳效果。诚信不足，即使技巧高超，终究不过是得一时之逞，难以保持长久的友谊。而以诚信为本，虽交往技巧不足，也可以交到真心的朋友。依靠诚信，一个人就可以脚踏实地、扎扎实实地打好自己的基础，练好自己的"内功"，积累自己的资本，扩大自己的声誉。诚信在短时期内不会使人"利益最大化"，但可以保证个人长期"风险最小化"。

秦汉时，有个叫季布的人，一向说话算数，信誉非常高，许多人都同他建立起了深厚的友情。当时甚至流传着这样的谚语："得黄金百斤，不如得季布一诺。"这就是成语"一诺千金"的由来。后来有一次，他得罪了汉高祖刘邦，被悬赏捉拿。结果他旧日的朋友不仅不被重金所惑，而且冒着灭九族的危险来保护他，才使他免遭祸殃。

一个人诚实有信，自然得道多助，能获得大家的尊重和友谊。反过来，如果贪图一时的安逸或小便宜而失信于朋友，表面上是得到了"实惠"，但为了这点实惠却毁了自己的声誉，而声誉相比于物质来说要重要得多。所以，失信于朋友，无异于丢了西瓜捡芝麻，得不偿失。

诚信是人际交往的需要。在社会交往中，人们只有结成一定的关系，才能从事物质生产和社会生活。一个人无论能力多么强，多么全面，也不能离群而居，也要依托于各种社会关系。世间如若没有语言，人们之间就无法进行信息、思想的交流；没有货币，人们之间就无法扩大交换。我们还要看到，人的交往不仅需要符号性的中介，而且需要制度性的中介。制度性的中介既包括法律规范，也包括道德规范，而诚信就是贯穿于法律规范和道德规范之中的一条基本原则。个人遵循诚信规范，才能像"信得过"的产品一样成为"信得过"的人，得到他人的信任，从而有效地进行社会交往。

在社会交往中，人们相互交换，相互帮助。只有诚信，才能建立与他人的交换关系，才能获得社会关系为人们带来的种种便利和好处。也只有诚信，才能让我们在为人处世中赢得他人的尊重，赢得成功的人生！

善意的谎言是美丽的

谎言定律，在人际交往中会被人们在不自觉中运用到。它往往是从善意的角度出发，减轻不幸者的精神痛苦，帮助其重振生活的勇气，即使此人以后明白了真相，也只会感激，不会埋怨。如果当时半信半疑，甚至明知是谎话，通情达理者仍会感到温暖、宽慰。明知会加重对方的精神痛苦，但仍要实言相告，即便不算坏话，也该算是蠢话。谎言定律有的时候是一种非常巧妙的手法，巧妙的谎言，有时于人于己都有益处。

美国前总统吉米·卡特的母亲莉莲·卡特就经常受到记者的打扰。

一天，莉莲正在家里做家务。突然，她听见门铃响了，进来的是一位记者。

"见到您非常高兴。"莉莲说。

记者向她问好后，立刻切入了正题："您的儿子到全国各地演讲，并告诉人们，如果他曾经撒过谎，就不要选他。您能不能如实地告诉我们，您的儿子是不是从未撒过谎？我想您最了解您的儿子了。"

"说过，但那都是善意的谎言。"莉莲不慌不忙地说。

"什么是善意的谎言？能举个例子吗？"记者又问。

"比如说，您刚才进门的时候，我说'见到您非常高兴'。"莉莲答道。

记者听后，不好意思地起身告辞了。

从这则故事可以看出莉莲·卡特正是巧妙地运用了谎言定律，才避免了伤害到记者的自尊心，又很好地回答了记者所提出的问题。

生活离不开谎言，因为社会进入文明化的运行机制后，谎言不以人的意志为转移，自然而然就产生了。但在有些情况下，会出现一些必要的谎言。在一些非常时刻，有时候只有说谎，结果才能够更为完美。

人生的道路不平坦，逆境常多于顺境。身处逆境，面对不幸，当事者不仅需要坚强，也迫切需要别人的劝慰。而此时及时送上真诚的安慰，必要时说上几句谎言，就如同雪中送炭，能给不幸者带来温暖、光明和力量。例如，对于身患绝症的病人，只能把病情如实告诉其家属，而对其本人，则应重病轻说。如果谎言唤起了病人对生活的热爱，增强了病人对病魔斗争的意志，就有可能使其生命延续，甚至最终可以战胜死神。

《最后一片叶子》是美国作家欧·亨利的一篇短篇小说，书中有这样一段的描述：

在某医院的一个病房里，身患重病的病人房间外有一棵树，树叶被秋风一刮，一片一片地掉落下来，有一位病人望着落叶萧萧、凄风苦雨，身体也随之每况愈下，一天不如一天，于是就想：当树叶全部掉完时，我也就要死了。一位老画家得知此事后，被这位病人的悲泣深深打动了，他为这棵树画上最后一片叶子，使那位濒临死亡的病人坚强地活了下来。

这是一篇小说，读起来可能会觉得有点夸张，但现实生活中，类似于这样的事例应当是不少的。这种谎言，就是生活中必要的谎言。没有画家的谎言，有可能故事中的病人就会提前死去。

有句话说："适当的谎言是权宜之计。"由此可知，在某些场合说谎话还是有必要的，有时谎言不一定全是坏话。人与人相处是没有绝对诚实的，有时谎言和假象还能更好地促进友情和爱情。

很久以前，有个女孩一生下来眼睛就失明了。黑暗是她唯一的主题，世间的美丽和丑陋她无法得知。

但女孩一直很快乐，因为母亲说她是村里最美丽的女子。而事实恰恰相反，她是村里最丑陋的女孩。但她并不知道，她只相信母亲说的话，所以她快乐而骄傲地活着。

转眼间，女孩到了出嫁的年龄，由于眼盲，长得又丑，所以没有哪个男人愿意娶她。经过母亲的寻找和游说，外村一个断了一只手的小伙子同意娶她。

女孩的母亲对小伙子只有一个要求，就是不准小伙子说姑娘长得丑，要夸奖姑娘是村里最漂亮的女子。小伙子也答应了。

母亲对女孩说："孩子，我给你找了一个村里面最英俊的小伙子。"

洞房花烛夜，女孩问小伙子："娘说，你是村里面最英俊的人，是吗？"

小伙子说："是的。"

女孩又问："娘说，我是村里面最漂亮的女子，是吗？"

小伙子响亮地说："是的。你是村里面最漂亮的女子。我爱你。"

女孩听了小伙子的回答，脸上泛起了羞涩的红晕。从此以后，这个姑娘活得更加自信了，因为自己是村里最漂亮的女子，又嫁给了村里最英俊的小伙子，还有什么比这更让人幸福的事情呢。

又过了一段时间，姑娘的母亲去世了，而姑娘为小伙子生下了一个小男孩。

善良的小伙子从儿子懂事起就告诉他，不能说自己的母亲长得丑，要说她是这个村里最漂亮的女子。

那位姑娘继续活在美丽的谎言之中，母亲的谎言、丈夫的谎言、儿子的谎言让这位姑娘的一生都充满了幸福和甜蜜。

终于有一天，姑娘老了，安详地闭上了眼睛，脸上仍然还挂着满足的笑容。

在别人眼中，这位姑娘是一只丑小鸭，而她自己却活得像一个骄傲的公主。这就是善意的谎言的力量。我们为亲情的伟大而感动，为善意的谎言而感动。

有时候善意的谎言是美丽的。当我们为了他人的幸福和希望适度地撒一些小谎的时候，谎言即变为理解、尊重和宽容，具有神奇的力量。父母的一句谎言，让涉世不深的孩童脸若鲜花，灿烂生辉；老师的一句谎言，让彷徨学子不再困惑，更好成长……

善意的谎言同丑恶的谎言相比，两者有着本质的不同。那种心术不正、诈骗、奸佞、诬陷的人迟早会搬起石头砸自己的脚。而善意的谎言会倍添其人性魅力，使人们更爱戴他、敬重他。

该忍就忍，免去无谓的争执

通常，忍让是一种素质、一种美德、一种胸怀。忍让是创造和谐人际关系的基础，工作和生活中与自己相处的人，因为年龄有大有小，经历不同，性格各异，随时都会有矛盾和纠纷。遇事忍让，明他人之长、知他人之短、容他人之过，才能和睦相处。吃不得亏、受不了气，经常为一件小事就耿耿于怀、小题大做，甚至大打出手，这不但不利于解决问题，不利于化解矛盾，而且也不利于自己的身心健康。

有这样一则故事：

在一个傍晚时分，狮子爸爸和儿子吃完晚饭，在草原上溜达。走着走着，突然发现前方来了一条疯狗。狮子爸爸就对儿子说："儿子，看见没有，前面来了一条疯狗，咱们赶紧避一避，撤到草丛后面去吧。"

儿子显得很不情愿，因为在它看来，那条疯狗根本就不足以对它们造成任何威胁，但还是被狮子爸爸推到了草丛后面躲了起来，让那条疯狗大摇大摆地走了过去。

从草丛后面出来后，狮子儿子就满脸的不高兴，生气地对狮子爸爸说："大家都说您是百兽之王，其实您是一个胆小鬼，看见一条狗都怕，还算什么百兽之王？"说完就要离开爸爸。

这时，狮子爸爸叫住了儿子并说道："儿子，别生气，听爸爸跟你解释：首先，爸爸如果打赢了这条疯狗，能得到什么好名声吗？别人会说我以强凌弱，毁了我一世的英名，是不是？"儿子点了点头。

爸爸接着说道："其次，如果在打疯狗的过程中被疯狗咬了一口，麻烦就大了，除了伤口很痛之外，还要很长时间不能出来和你一起玩耍、散步了，这显然不合算，是不是？"儿子又点了点头。

狮子爸爸最后说："我们躲避一下，让疯狗过去，两不相伤，对大家都好。儿子，你今后一定要记住了，不是因为自己强大就可以跟谁都打仗的，有时候忍让才能避免受到伤害，那才是真正的强者，知道了吗？"

儿子这时高兴地说："知道了，我的爸爸真聪明！"

所以说，无论是对人对己，忍与不忍事关重大，忍则心平身安，不忍则祸及身家。所谓"一忍百事成，百忍万事兴"说的就是这个道理。

生活中的忧虑、烦躁、愤怒、斤斤计较等不良情绪，都毫无益处。对于一些琐碎的烦恼，如果斤斤计较于其中，那只会浪费我们很多的时间与精力。对那些坏情绪，我们要学会忍受与克制。

有一次，一位修女要为孤儿院募款，特别去拜访一位富翁。

当天富翁因为股票跌停，心情不佳，又认为修女来得不是时候，大为恼火，挥手就打了修女一记耳光。

但修女不还手也不还口，只是微笑地站着不动。

富翁更恼火，骂道："怎么还不滚！"

修女说："我来这里的目的，是为孤儿募款，我已收到您给我的礼物，但是他们还没有收到礼物。"

那位富翁被修女的忍耐精神所感动，也被她诚恳的态度所打动，从此以后那位富翁每个月都会主动送钱到孤儿院去。

汉字中的"忍"，那是心字头上一把刀，言简意赅。因为人的秉性不一样，一旦产生摩擦，如果不懂得忍让，就会撕破脸皮甚至大动干戈，这是为人处世的大忌。"忍一时风平浪静，退一步海阔天空"。在这个世界上，没有解不开的疙瘩，也没有化不了的矛盾。只要彼此都做到体谅，自然会拨云见日，雨过天晴。

有时，忍让也是一种弯曲的艺术。下面这则故事，就是很好的证明。

有这样一对夫妇，他们的婚姻正濒于破裂。为了重新找回昔日的爱情，他们打算做一次浪漫之旅。如果能找回就继续生活，如果不能就友好分手。

不久，他们来到一条山谷，这是一条东西走向的山谷。山谷很平常，没什么特别之处，唯一让人感到奇怪的是，南坡长满松、柏等树，而北坡只有雪松。

正在此时，天空下起了大雪。他们支起帐篷，望着纷纷扬扬的大雪。由于特殊的风向，北坡的雪总比南坡的雪来得大，来得密。不一会儿，雪松上就落了厚厚的一层雪，不过当雪积到一定的程度，雪松那富有弹性的枝就会向下弯曲，直到雪从枝上滑落。这样反复地积，反复地弯，反复地落，雪松完好无损。南坡由于雪小，总有些树挺了过来，所以南坡除了雪松，还有柏树等树木。

帐篷中的妻子发现这一景观，对丈夫说："北坡肯定也长过杂树，只是不会弯曲才被大雪压毁了。"

丈夫点头同意。过了片刻，两人像是突然明白了什么似的，相互拥抱在一起。

丈夫兴奋地说："我们发现了一个秘密——对于外界的压力要尽可能地去承受，在承受不了的时候，学会弯曲一下，像雪松一样让一步，这样就不会被压垮。"

大自然中的树都如此，更何况生活中的人呢。弯曲中蕴涵着丰富的哲理，它并不是倒下和毁灭，而是顺应和忍耐。

儒家极力提倡知足忍让，其初衷是劝导人们重视内心修养，在与人相处时尽量避免纠纷，从而维持内心的平静，保持人际关系的和谐。有人把忍让看成是"窝囊"，认为"人善被人欺，马善被人骑"。其实，这是一种错误的认识。当然，忍让并不是不讲原则，也不是提倡"好人主义"，在一定的范围内，不触犯原则的情况下，我们应该以忍让为主，以宽广的心胸去面对，与人为善。

在为人处世中，每个人都应该学会忍让。忍让可熄灭心头的怒火，忍让可消融封冻的江河。有了忍让，你就不会是一介粗鲁的武夫；有了忍让，你就不会是一条莽撞的汉子；有了忍让，天空就一片晴朗；有了忍让，你就会有良好的人缘，你的人生道路就会无比宽广。

尝试着去适应他人而不要试图改变他人

生活中，每个人都是独立而自由的个体，不能凭借自己的意志去改变他人。因此，在不能改变他人的情况下，我们就应该学会调整自己去适应他人，适应他人也是让对方在心理上占据主导地位的一种心理策略，这样才能更好地与他人相处。

因此在某些情况下，我们一定要调整自己，来适应别人。不要希望别人来适应自己。人与人之间，有许多麻烦就是由此而生。如果我们盼望别人来适应自己，这就像是你做了一只笼子，希望别人乖乖地在笼子里待下去！

在许多家庭中，父母在不停地抱怨子女不听话，这也是因为这些父母不能揣摩子女的心理，他们的方法显然是不当的。

我们常常可以看到有人两手一摊，说："我们能做到的，已经尽量做了。"好像在某些情形之下，已没有了最恰当的方法，因为长年迟疑不决，优柔寡断，而且还被偏见、习惯和恐惧所遮掩，也许这一方法不容易找到，可是总有最恰当的方法，只要我们下功夫去寻找。

心理学家威廉·詹姆斯曾说过：人与人之间的差别很大，可是保留这一点差别却非常重要。的确，待人接物之成败，也就在这一点差别上。现在，人与人之间的空间距离已愈来愈短，因此人际关系就显得十分重要。假使在这一方面不能取得成功，其他一切都将归于失败。所以，我们必须找到他人最真切的一面，迎合他人的心理需求，并选择合适的方式与他人交往，适应了他人就拥有了好人缘。

掩饰别人的短处，主动示好

陈嚣与纪伯是一对邻居。一天夜里，纪伯偷偷地将隔开两家庭院的竹篱笆，向陈家那边移了一点，以便让自己的院子宽敞一些，这一举动恰好被陈嚣看到了。纪伯走后，陈嚣将篱笆又往自己这边移了一丈，使纪伯家的院子更宽敞了。纪伯发现后，心里很是愧疚，不但归还了侵占陈家的地方，而且还将篱笆往自己这边移了一丈。

故事中的陈嚣面对自己邻居的自私行为，采取了"曲为弥缝"的做法，让纪伯意识到自己的不当行为，并感到非常内疚，使他产生了"以小人之心，度君子之腹"的感觉，这就欠下了陈嚣一个人情，即使他还了这个人情，但是每当他想起时，还是会内疚，还是会想办法报答纪伯。

陈嚣"邻之短处，曲为弥缝"的行为，不仅避免了邻里之间的矛盾冲突，而且还加强了邻里和睦。这种做法可谓变通得巧妙。俗话说："远亲不如近邻。"为自己建立起邻居这张方便、强大的人脉网，可以在急难时迅速得到他们的鼎力相助。反过来，试想一下，如果陈嚣不用此法变通，再将竹篱笆移回至原处，即便不多移一寸，纪伯发现后，可能会无视自己的自私，而视这种行为为理所当然，结果就可想而知了。

《菜根谭》上说："人之短处，要曲为弥缝；如暴而扬之，是以短攻短。"意思是：别人有缺点或过失，要婉转地为他掩饰或规劝，假如去揭发传扬，就是用自己的短处来攻击别人的短处，结果可能会于人于己都没有什么好处。

战国时期，梁国与楚国为邻国，两国在边境上各设界亭，亭卒们也都在各自的界地里栽种了西瓜。

梁国的亭卒勤劳，每天都为瓜地锄草浇水，瓜秧长势极好。而楚国的亭卒懒惰，西瓜秧长势自然不好，他们趁夜里风高月黑偷跑过界，把梁国亭卒的瓜秧全给扯断了。梁国的亭卒第二天发现后气愤难平，报告给边县的县令宋就，并建议："我们也过去把他们的瓜秧扯断！"

宋就说："他们这样做当然是很卑鄙的，我们明明不愿他们扯断我们的瓜秧，那么我们为什么再反过来扯断人家的瓜秧呢？别人不对，我们再跟着学，那就太狭隘了。你们听我的话，从今天起，每天晚上去给他们的瓜秧浇水，让他们的瓜秧长得好起来，而且你们这样做，他们一定会知道的。"

梁国的亭卒听了宋就的话后觉得有道理，于是就照办了。楚国的亭卒发现自己田里瓜秧的长势一天好似一天，仔细观察，发现每天早上瓜地都被人浇过，而且是梁国的亭卒在黑夜里悄悄为他们浇的。楚国的边县县令听到亭卒们的报告，感到十分惭愧，不由得非常敬佩梁国的亭卒，于是把这件事报告了楚王。楚王听说后，也感于梁国人修睦边邻的诚心，特备重礼送梁王，既表示自责，亦表达酬谢，结果这一对敌国成了友好的邻邦。

所谓"唇亡齿寒"，梁国"曲为弥缝"的变通之举，无疑为自己在七雄割据的乱世建立起强而有力的人脉。现实生活中，当自己的朋友犯了错误时，你既不用一味地迁就，也不用与之反目成仇，可以效用"曲为弥缝"的变通方法，让其知耻而改，这样就不会削弱自己的人脉，而且还可以得到朋友的信赖和尊敬，进一步巩固人脉。

用微笑拉近彼此的距离

平时，人们在交往过程中，无论是说服别人还是作为被人说服的对象时，千万不要摆出一副冷冰冰的面孔。不论对方是谁，对他以前有怎样的成见，摆一副冷面孔总是无益的。所以，说话办事的时候面带微笑才会拉近彼此间的距离，才能够打动人心。

美国密西根大学心理学教授麦克尼尔博士曾经发表过这样的看法："面带微笑的人，比起紧绷着脸孔的人，在经营、贩卖以及教育方面，更容易获得效果。微笑比绷紧的脸孔，藏有丰富的情报。"

在飞机起飞前，一位乘客因吃药向空姐要一杯水，空姐承诺在飞机进入平稳飞行状态后会立刻把水送过来。但是飞机进入平稳飞行状态后很长一段时间里，空姐还没有把水送来，那位乘客再次按响了服务铃。一听到铃响，空姐立刻意识到自己工作的失误，便很快地端着一杯水来到那位乘客面前，微笑着向乘客道歉："先生，实在对不起，由于我的疏忽，延误了您吃药的时间，我感到非常抱歉。"但这位乘客并没有接受她的解释，并拿定主意要投诉这位服务员。

事后，为弥补自己的过失，这位空姐每次去客舱给乘客服务时，都会面带微笑地询问他是否需要水或其他服务。这位乘客都没有理睬。飞机到达目的地之前，那位乘客要求空姐把意见登记簿给他送过去，空姐以为他会投诉她，但当所有乘客离开后，她打开一看发现，那位乘客这样写道："在整个过程中，你表现出的真诚的歉意，特别是你的十二次微笑，深深打动了我，使我最终决定将投诉信写成表扬信！你的服务质量很高，下次如果有机会，我还将乘坐你们的这趟航班。"据这位乘客说，在服务员第二次向他微笑时，他认为道歉是应该的，没有什么特别的感觉；但在服务员第三次向他微笑时，他投诉的念头有点动摇了，开始想原谅这位空姐工作中的疏忽；在服务员第四次向他微笑时，他已经彻底原谅了那个服务员；在服务员第五次向他微笑时，他开始怀疑自己先前要投诉的想法是不是有点太过分了。所以最后在下飞机之前，这位乘客在意见登记簿上表扬了那个服务员的优秀服务。

这就是微笑的潜在力量，它可以使对方的心情由不满到快乐，从而成功弥补工作服务中的疏忽。钢铁大王安德鲁·卡内基的高级助理查尔斯·史考伯曾经说过，他的微笑值100万美金。这可能有些夸张，因为史考伯的成功是集性格、魅力和才能于一体。但他那动人的微笑确实让人好感倍增。

培根有句名言："含蓄的微笑往往比口若悬河更为可贵。"在人与人相处中，大家都有着一种共同的期待：希望看到笑脸。对那些个性孤僻、表情冷漠的人，则总是避而远之。因此，经常保持微笑的人往往会拥有良好的人际关系，具有广阔的社交资源，总是在众人之中保持着良好的个人口碑，自然他们会拥有成功的人生。

有一位在证券交易所上班的先生叫张诚，他给人的感觉总是深沉而严肃，一天到晚人们很难在他脸上发现一丝笑容。他在这家单位工作了好多年，但不管是新同事还是老同事却没有一个能与他谈得来的。他也没有自己亲密的朋友。他觉得自己孤独而无聊，而别人则觉得他是个怪人。他的私人生活更是糟糕得一塌糊涂，与妻子结婚都十多年了，日子过得枯燥而无味，两人见了面从没有一些亲切的招呼，更谈不上亲密无间的感情，甚至有时候就像两个毫不相干的人一样。

他每天下班回家就是机械地吃饭与休息，这么多年来，从他起床到离开家这段时间内，他很难对自己的妻子露出一丝微笑，也很少说上几句话，家庭的气氛沉闷得让人透不过气来。一天早晨，他照例洗脸、梳头，开始上班前的准备事务。突然，他从镜子里看到自己绷得紧紧的脸孔，深沉得像古老的木乃伊，他吓了一跳，心中开始不安，他想：这张如此古板的面孔谁看了愿意接近呢，他决心改变这种现状，于是他就向自己说：亲爱的，从今天起你必须要把自己这张深沉的脸孔放开，换成一张充满微笑的面孔，从这一刻就要开始。

这时，他的妻子照例像往常一样招呼他过去吃早餐，他立刻高兴地回答："我马上来，亲爱的，谢谢你天天费心为我做早餐。"说着便满脸笑容地走了过去。谁知他的妻子却愣住了，半天没反应过来。惊慌的目光在他脸上搜索了足足两分钟，最后终于高兴地说："哦？亲爱的？今天是不是有喜事要降临了？"张诚有点得意并有点不好意思地对妻子说："是的，亲爱的，以后我们天天都生活在喜气洋洋的日子里。"

张诚愉快地吃过早饭，便兴冲冲地去上班，走到电梯门口他微笑着对电梯员说："早上好！"走到公司大门时他又微笑着对年轻的门卫说："早，小伙子。"这样直到走进自己的办公室，他已经与好几个人热情地打过招呼。于是以后的每一天，他都是热情地对待同事们，同事们在诧异好奇中慢慢地接受了他并喜欢上了他。

不久他就发现每个人见到他时，都向他投来微笑。对那些来向他道"苦经"的人，他以关怀的、诚恳的态度听他们诉苦，而无形中他们所认为苦恼的事变得容易解决了。

为他做助理的是个可爱的年轻人，那年轻人渐渐地对他有了好感。年轻人这样告诉他说：他初来这间办公室时，认为他是一个脾气极坏的人，而最近一段时间来，他的看法已彻底地改变了，张诚越来越富人情味了。

于是，张诚也觉得自己跟过去已经是两个完全不同的人了。一个更快乐、更充实的人，拥有友谊及快乐而活得更加充实。他说："微笑给我的财富太多了。"

这则故事中的主人公张诚，他的人生原本是阴沉、严肃而呆板的，只因为自己对镜反思，让自己保持微笑，他的人生从此发生了翻天覆地的变化，他的家庭关系、同事关系、社会关系、自我心理……都变得格外晴朗愉快，而他自己的付出仅仅是简单的微笑！

微笑往往比语言更有感染力，是放之四海而皆准的人际交往的高招，是人们富有人性的重要特征。微笑有助于人与人之间的交往和友谊，有的心理学家甚至认为微笑是衡量一个人对周围环境适应的尺度。所以，不管是讲什么样的理，办什么事，一定要做足微笑的功夫。"伸手不打笑脸人"，为人处世中，善于用微笑创造让人心情愉悦的环境，不仅可以增强别人对你的好感，还能让对方心悦诚服地接受你的观点，办成你想要办成的事情，何乐而不为呢？

善于倾听是赢得好感的关键

倾听，是人与人之间建立和保持关系的一项最基本的沟通技巧。在生活中，倾听的作用尤为突出。接待员要弄清楚来访者希望见谁，销售员要了解客户的心理需求，下属要理解领导的真正意图等等，这些都离不开倾听。

英国管理学家L.威尔德曾经说过："人际沟通始于聆听，终于回答。"没有积极的倾听，就没有有效的沟通。戴尔·卡耐基认为：在沟通的各项能力中，最重要的莫过于倾听的能力。滔滔不绝的雄辩能力、察言观色的洞察力以及擅长写作的才能，都比不上倾听能力重要。

倾听是人际关系的基础。倾听使我们获取更多的信息，正确地认识他人。古人曰："听君一席话，胜读十年书。"一个人如果总是张嘴说，学到的东西会很有限，了解的真相会少得可怜。相反，如果善于倾听，乐意分享别人的信息与情感，别人也会乐于给出建议。由此，你会学到很多东西，发现许多思考问题与解决问题的新方法。

有一家大公司的总经理，在任职初期，对该行业的独特性知道得很少。当有下属需要他的建议时，他几乎无法告诉下属什么。但庆幸的是，这位总经理深谙倾听的技巧，所以不论下属问他什么，他总是回答："你认为你该怎么做呢？"通常，这么一问，下属们便会提出各种方法。倾听下属说话，在了解到很多情况后，再依据自己的经验，帮助他们作出正确的选择，最后他的下属总是满意地离去，心里还对这位刚上任的老总赞叹不已。

有时候倾听又是一种礼貌，是尊重说话者的一种表现，也是对说话者的最好的恭维。因此，倾听能让你了解自己的沟通对象想要什么，什么能够让他们感到满足，什么会伤害或激怒他们。有时，即使你不能及时提供对方所需要的，只要你乐于倾听，不伤害或激怒他们，也能实现无障碍地沟通、创造性地解决问题。

1965年，日本经济低迷，市场环境很是不好，松下电器的销售行与代理店受到严重影响，整个局面陷入困境。松下为了改善这种情况，决定彻底检讨整个销售体制，但这一举动遭到了部分销售行与代理店的反对，而且反对的声浪日渐高涨。

在这种情况下，松下召集了1200家销售行的负责人进行商议。为了更好地倾听反对者的声音，更有效地与他们沟通，会议一开始，松下幸之助就说："今天开这个会，是想知道大家关于变革销售体制的想法。请大家各抒己见。"说完，松下就请那些持反对意见的负责人发表意见。在他们发表各自意见时，他则一言不发，静静地坐在一旁倾听。等到所有人的发言都结束了，他才详细地说明了新的销售方式的推行目的及方法。令人惊讶的是，这一次，那些销售行的负责人并没有站出来反对他的这一改革，反而对新方案表示理解与支持，同意推行。

应该说，这次通气会议的成功更多的是倾听的成功。通过"倾听"，松下表达了他的尊重与理解，消除了反对者的不满，同时赢得了他们的理解与支持。

俗话说：只有很好地倾听别人的，才能更好地说出自己的。如果说沟通的艺术是听与说的艺术，那首先是倾听的艺术。成功人士，大多善于倾听他人，以此促进沟通，获取信息、吸收营养。

曾任日本首相的田中角荣口才很好，是有名的"名嘴"，非常善于在街头与在场的听众沟通。即使用"倾倒所有人"来形容他的沟通魅力也不为过。

对于他非凡的沟通才能，许多人都很好奇。有关人士对他进行了仔细分析，结论是：他具有"听话"的涵养。原来，相比一般的国家领导人，他更加重视民意。每天，他都会一视同仁地接见百姓。即使是在细微的事情上，他也会认真倾听。这种专心倾听各种意见的态度与习惯，让他从民众那里获得了更多真实的信息，让他清楚地知道什么是民意，什么样的话能打动民众，同时也获得了大家的尊重和爱戴。

倾听对于说话者来说是一种尊重，尊重别人也就是尊重自己。所以，善于倾听的人也能够得到他人的尊重和喜爱，赢得他人的好感。

低调是一种高深的处世谋略

为人低调、不张扬是一种修养、一种风度、一种文化，是现代人必需的品格。没有这样一种品格，过于张狂，就如一把锋利的宝剑，好用而易折断，无法长久在社会中生存。

不张扬就要自我束缚，将个性引到正确的方向上来，而不是故步自封。要真正做到"风临疏竹，风过而竹不留声；雁度寒潭，雁去而潭不留影"的境界，才能在激烈竞争的社会走向通往成功的阳光大道。

一次，儿童文学家盖达尔带着五岁的小女儿珍妮，给夏令营的小朋友讲故事。盖达尔要讲的是小朋友们期待听的童话故事《一块石头》。

大礼堂里，孩子们正聚精会神地听盖达尔讲故事，除了盖达尔的声音，整个礼堂静得连针掉在地上都可以听到。这时，小珍妮却旁若无人地在礼堂里走来走去，偶尔还故意使劲跺跺脚，发出惹人烦的声响，跺完脚后还露出得意的神情，她的举动仿佛在告诉小朋友："你们看，我是盖达尔的女儿！你们一个个都在听我爸爸讲故事，这些故事我每天都能听到！"

盖达尔看到女儿的行为，停止了讲故事，他突然提高嗓音，严肃大声地说："那个猖狂的小家伙是谁？请你们把那个不守秩序的小家伙撵出去！她妨碍了大家安静地听故事。"

小珍妮一下子愣住了，她没有想到自己亲爱的爸爸竟然这样说她，她连哭带喊赖着不走，想让爸爸心软，但盖达尔不为所动，坚决要求工作人员把珍妮拉出会场。

之后，盖达尔又继续给孩子们讲故事，故事讲完时，孩子们对盖达尔报以热烈的掌声。盖达尔给孩子们讲的不仅是一个有趣的故事，还通过对小珍妮的惩罚，给孩子们上了生动的一课：无论是谁，都不应以优越骄纵，过于张扬。

做人要学会低调，不能张扬。何谓低调？低调是一种人生姿态，是俯下身躯却胸怀大志的行动，是谦逊有礼却雄心万丈的气概，是退让有节却勇于进取的情怀。低调不是低微，也不是低贱，更不是低人一等，处处退缩。掌握这些原则，也就理解了低调做人的真谛。低调做人正是藏在匣中的宝剑，一旦出鞘必定是光华夺目，寒芒闪闪；低调做人正是雪压枝头的梅花，春来之日必定会迎风怒放，霞彩满天。

威尔逊当选为美国新泽西州州长之后，有一次出席一个午餐会，主持人在介绍他时，称他为"未来的美国总统"。这自然是对他的刻意恭维，可是对其他在座的人来说，却产生了相形见绌之感，众人的脸上都有些不悦。

威尔逊想扭转这种一人得意众人愕然的局面。他起立致辞，在几句开场白之后，他说：

"我自己感到我在某方面很像一个故事里的人物。有一个人在加拿大喝过了头，结果在乘火车时，原本该坐往北的火车，却乘了往南的火车。

"大伙发现这一情况，急忙给往南开的列车长打电话，请他把名叫约翰逊的人叫下来，送上往北的火车，因为他喝醉了。

"很快，他们接到列车长的回电：'请详示约翰逊的姓，车上有好几名醉汉，既不知自己的名字，也不知该到哪去。'"

威尔逊最后说："自然，我知道自己的名字，可是我却不能像主持人一样，知道我的目的地是哪里。"

听众大笑。

威尔逊幽默的谦逊，使众人消除了对他不服气的情绪。因为威尔逊懂得，做人越是张扬越是遭人鄙视。

为人一定要低调，不要张扬。低调做人既是一种姿态，也是一种风度，一种修养，一种品格，更是一种智慧，一种谋略，一种胸襟。但低调做人绝不是要低人一等。

中国内地的一个企业代表团，到香港后去拜访李嘉诚先生，当代表团成员出电梯时，李先生已在电梯口迎候，入座后他给代表团的每个成员发名片，这使得所有的成员都惊愕不已。李嘉诚是华人首富，"地球人都知道"，可他发名片的样子就像小学生做功课一样认真。李先生曾说过，做人不能太张扬，你的生存不能影响到别人。正是这种低调做人的姿态，才成就了今天的华人首富。

当然，我们提倡低调做人，并不是让你低人一等。低调与低人一等的本质区别就在于是否有自卑心理，缺乏自信。低调的人虽然目前看起来似乎处于低人一等的劣势，但却能厚积薄发、强化自信、积累经验、成就大事。俗话讲得好，"要想人前显贵，必须背后受罪。"纵观古今中外成大事者，无不是经过艰苦磨炼，经过"低人一等"的磨难，而最后一飞冲天、一鸣惊人的。

低调做人更不是要我们去忍气吞声。有时尽管在同一事件中，人们起初还比较客气，谦逊地做出一些必要的忍让，但由于对方实在是过于无礼，而且行为方式和欲望令人发指，实在是难以接受。在这种情况下，便可以算得上是一种"忍无可忍"了。此时此刻，便不应再"忍"下去，而可以有所表示。

一个人如果经常受到别人的欺负、刁难，往往是因为自己软弱或办事能力较差所致。相信你肯定也不愿意别人骑在你的头上并且认为你没有工作能力，因此一定要改变这个状况。要改变被人欺负的现状，态度必须要强硬起来，腰杆挺直起来，与欺负你的人相抗争，不能一味用低调做人来解释，低调做人不等于忍气吞声。这样，原来欺负你的人就会有所收敛。

其实，低调做人就是要能够正确认识、分析自我，正确认识自己的优势与劣势，不以自己的短处与他人的长处相比，更不以自己的劣势与他人的优势相论。

所以一定要摆正自己的位置，摆脱"低人一等"的心理，发挥自己的所长，以平常之心对待，显出足够的自信，就会在处事过程中从容自如，游刃有余。

低调做人不等于低眉顺眼，更不等于卑躬屈膝。低调是一种态度，一种风范，那些奴颜媚骨的态度不仅不是低调做人的真谛，反而是低调做人的反面。

人生处在顺境和得意时，最容易张扬。张扬是许多没有远见的人的共性，他们本来就没有大志向也没有大目标，只是在一种虚荣心的驱使下向前奔跑，目的只是想博得众人的喝彩。所以众人的掌声一响便认为达到了人生目标，便想躺在掌声中生活，他们认为自己可以不必再奔跑，可以昂头挺胸地在人群中炫耀了。

张扬也可以说是一种误解，一种把暂时的得意看成永久得意的误解，一种把暂时的失意当成永久失意的误解。低调的人明白，这个世上永远没有永恒的事物，一切都是暂时的相对的，所以也就没有什么值得张扬的事情。

如今，很多人都感叹：与人相处，难！只要稍有点处理不当，就会招来麻烦。轻则工作、生活不愉快，重则影响自己的事业。因此，在生活中无论我们处在何种境地，都要学会低调做人。顺境常常是过去艰苦耕耘收获的结果，逆境也正是日后峰回路转、否极泰来的前奏。因此即使是遇见挫折和痛苦我们也要在低调中修炼自己，最终突破人生的逆境。

北魏节闵帝元恭，是献文帝拓跋弘的孙子。孝明帝时，元义专权，肆行杀戮，元恭虽然担任常侍、给事黄门侍郎，总提心有一天大祸临头，索性装病不出来了，那时候，他一直住在龙华寺，和谁也不来往，就这样装哑巴装了将近8年。孝庄帝永安末年，有人告发他不能说话是假，心怀叵测是真，而且老百姓中间流传着他住的那个地方有天子之气，元恭听了这个消息，急忙逃到上洛躲起来。没过几天就被抓住送到了京师。关了好几天，由于抓不到什么证据，不得已又放了他。

北魏永安三年十月，尔朱兆立长广王元晔为帝，杀了孝庄帝。那时，坐镇洛阳的是尔朱世隆。他觉得元晔世系疏远，声望又不怎么高，便打算另立元恭为帝，但又担心他真的成了哑巴。于是便派尔朱彦伯前去见元恭，摸清真实情况。事已至此，元恭也知道形势发生重大变化，见到尔朱彦伯后开口说："天何言哉！"十二年的哑巴说了话，彦伯大喜。不久，元恭即位当了皇帝。

人生的路有起有落，逆境虽然痛苦压抑，但对一个有作为、有修养的人士来讲，在各种磨砺中可以锻炼自己的意志，从而由逆向顺。

低调做人无论在官场、商场还是政治军事斗争中都是一种进可攻、退可守，看似平淡，实则高深的处世谋略，更是一种智慧的处世心理博弈术。

为人处世要学会适时装傻

有的人不识时务，为了能够一出风头，而四处炫耀自己的聪明才智。其实，那才是最愚蠢的行为，一个不懂得适时装傻的人，往往会成为众矢之的，被排挤，甚至是被淘汰。所以为人处世有时就要学会装傻，但决不能真傻。

装傻，其实就是一种为人处世的方法，这种人的智慧就叫大智若愚。他们憨厚敦和，平易近人，虚怀若谷，不露锋芒，甚至还有点木讷、迟钝，但是他们却宠辱不惊、遇乱不躁，凡事都能看透却不说透，知根又不亮底。他们大智在内，若愚在外，将才华隐藏得很深，给人一副混混沌沌的样子。

在战国末期，秦国大将王翦奉命出征，出发前他向秦王请求赐给良田房屋。

秦王说："将军放心出征，何必担心呢？"

王翦道："做大王的将军，有功最终也得不到封侯，所以趁大王赏赐我临行酒饭之际，我也斗胆请求您赐给我田园，作为子孙后代的家业。"秦王大笑，就答应了王翦的要求。

王翦到了潼关后，又派使者回朝请求良田，秦王爽快地应允。手下心腹劝告王翦，莫要如此，开罪了秦王那还了得。于是，王翦就支开左右，坦诚相告："我并非贪婪之人，因秦王多疑，现在他把全国的部队交给我一人指挥，心中必有不安。所以我多求赏赐田产，名为子孙计，实为安秦王之心。这样他就不会疑我造反了。"王翦以自己表现出来的愚钝，换取了秦王的信任，这就是一种真正的智慧。

美国第九届总统威廉·亨利·哈里逊，出生在一个小镇上。小时候，他是一个又文静又怕羞的孩子，镇上的人们都把他看作是傻瓜，还常常喜欢捉弄他。他们经常把一枚五分的硬币和一枚一角的硬币，扔在他的面前，让他任意捡一个。哈里逊总是捡那个五分的，于是大家都嘲笑他，说他傻得可以。

有一天，一位妇人看到他很可怜，便对他说："威廉，难道你不知道一角的要比五分的值钱吗？""当然知道。"哈里逊慢条斯理地回答，"但是，如果我捡了那个一角的，恐怕他们以后就再也没有兴趣扔钱给我了……"

大智若愚在生活当中的表现，就是不处处显示自己的聪明，做人低调，从来不向人夸耀自己抬高自己，做人的原则是厚积薄发，宁静致远，注重自身的修为、层次和素质的提高。对于很多事情都持大度的态度，有着海纳百川的境界，从来没有太多的抱怨，并能踏实做事，对于很多事情要求不高，只求自己能够得到不断的积累。很多时候大智若愚伴随的还有大器晚成，毕竟大智若愚要求的是不断积累，就像玉坯不断被雕琢一样。因此，大智若愚之人往往就是真正的智者。

子曰："宁武子，邦有道则知，邦无道则愚。其知可及也，其愚不可及也。"孔子的意思是说：宁武子是一个处世为官有方的大夫，当国家政治开明，形势好转，对他有利时，他就能充分发挥自己的聪明智慧，为卫国的政治竭力尽忠。当君主昏庸无度，形势恶化，对他不利时，他就退居幕后装起糊涂，以便等待时机。孔子还很有见地地告诫弟子，他那种聪明别人可以做得到，但他那种装糊涂，就非一般的人能做得到了。可见难得糊涂，早已成为政客们的一种权术了。

"人生都道聪明好，难得糊涂方为真。"

可见，人若达到聪明的境界之后，再由聪明而转入糊涂则更难。若一个人对于人生事理了解透彻的话，这个人就会看到人性中的很多缺点和弱点。过于明察的人就会因此而在为人处世上处处挑剔，难以容人。而对于不正直的人来说，他可能会因此利用人性的弱点，为自己谋取私利，败坏社会纲纪法度。

因此，从过于明察苛求的聪明转入宽以待人的"糊涂"则更难。而"放一着，退一步，当下心安，非图后来福报也"，大概才是郑板桥先生"难得糊涂"的真实目的所在。

"忍一时风平浪静，退一步海阔天空。"遇事须从公心出发，放一着让人，退一步行动。但这个充满私欲的时代，又有几人不是为了事后求得别人或者上天的福报，而是为了当下处世的心安理得呢？又有多少人做事于心无愧？

如今到处都在流行那句"难得糊涂"。但是"难得糊涂"却成了"不分是非，不负责任"。对人对事睁一只眼闭一只眼，与世俗社会同流合污，做事没有原则。有几人能理解这种糊涂，这是一种清醒的蔑视，是清风自拂的坦荡胸怀。

装傻实乃养晦之术，从为人的原则来看，主要体现在以静制动、以柔克刚的处事智慧和策略。愚、拙、屈、讷都给人以消极、低下、委屈、无能的感觉，使人放弃戒惧或者与之竞争的心理。但愚、拙、屈、讷却是人为的外界假象，目的是为了要减少外界的压力，或使对方降低对自己的要求。如果要克敌制胜，那么可以在不受干扰、不被戒惧的条件下，暗中积极准备、以奇制胜，以有备胜无备。

大智若愚，适时装傻是在平凡中表现出不平凡，在消极中表现出积极，在无备中表现有备，以静察动，令自己更具优势，更能保护自己的一种心理战术。

第二章 赢得社交的心理博弈术

在社会交往活动中，假如你能够把别人的心思像看书一样阅读的话，那么你交际将会十分成功。其实，人生就像一本书，如果你懂得了人们交际中的各种心理，自然也就读懂了这本书。社交本身就是一种心理上的博弈，只要你能读懂对方的心理，你就能够在博弈中取胜。

运用刺激缔结好人缘

人与人相处的过程中，往往想到的是亲近、亲切、亲和，几乎从没有人想过威慑、威胁在人际交往中的重要性。其实，威慑、威胁表达出的力量是极为巨大的，尤其是其对人们内心的刺激是极为明显的。而且，对这种技巧的运用，在心理学上也是有其理论及事实依据的。

挪威人喜欢吃沙丁鱼，尤其是活的沙丁鱼。然而，市场上活沙丁鱼的价格远比死沙丁鱼价格要高。为了卖出更高的价钱，渔民们想方设法让沙丁鱼活着返回渔港。可是无论怎样努力，绝大部分的沙丁鱼还是会在中途因窒息而死亡，唯有一条渔船总能让大部分沙丁鱼活着。所有的渔民都对这个能使沙丁鱼不死的秘密极感兴趣，可惜的是，那条船的船长一直严格保守这个秘密。

直到船长去世的时候，谜底才被揭开。

原来，船长在装满沙丁鱼的鱼槽里放进了一条以鱼为主要食物的鲇鱼。鲇鱼进入鱼槽后，四处游动。沙丁鱼见了鲇鱼就变得十分紧张，它们开始加速游动，左冲右突，四处躲避。这样一来，一条条沙丁鱼就活蹦乱跳地回到了渔港。这个有趣的故事就是著名的"鲇鱼效应"。

利用"鲇鱼效应"中的刺激技巧处理人际关系是激发伙伴活力的有效措施之一。这一方法不仅可以让自己更进一步，还可以不断促使对方进步，并给那些故步自封、因循守旧的人送去竞争压力，从而唤起"沙丁鱼"们的生存意识和竞争求胜之心。这对于你的朋友来说，真可谓一份无与伦比的真诚大礼。

当你的朋友陷入颓丧的时候，当你的同事变得懒散的时候，当你的合作伙伴想要退缩的时候，作为他们的朋友、同事、合作伙伴，你不仅要从心理到行动尽力地支持他们，而且还可以成为一条"鲇鱼"，让对方充满活力。

面对如同死水的人际关系，如果想要彼此之间的关系重新活络，那么你不妨暂作一条"鲇鱼"，对人际关系施予一点刺激，给你的伙伴一点竞争的压力。

当然，要作"鲶鱼"并不容易。如果你想充当"鲶鱼"，不仅需要不凡的实力，还需要考虑自己安身立命之道，千万不要被对方误解，以至于遭到大伙的联合打压。记住，尽管有些人会养成"沙丁鱼"的习惯，但是颓丧、懒散、退缩、想要逃避的人毕竟不能完全等同于"沙丁鱼"。"沙丁鱼"也许不敢挑战"鲶鱼"，但是人毕竟有思想。如果你这条"鲶鱼"做法太过，则往往会得罪很多人，从而失去好人缘。因此，凡事不能太过。

事实上，除了用"鲶鱼效应"中的"生存竞争"刺激法来作为人际关系处理的一项激励技巧，还可以用其中某些侧面所产生的影响力。

影响力包括威慑力，也包括榜样的力量，无论何种能力，只要这些方法是合理的，产生的刺激效果是良性的，就应该善加运用。每一个人都或多或少有些影响力，只不过有大有小。影响力大的人能得到好人缘，影响力小的人则只能局限于小圈子之中。如果你有良好的影响力，就能获得好人缘，让自己的伙伴、朋友紧紧围绕在自己的周围，并且带动他们走向更加美好的未来。

其实，作"鲶鱼"和作榜样，都是有其心理学基础的。无论是因"鲶鱼"引起的生存威胁而产生的竞争意识，还是榜样的力量带来的前进动力，都源自其内心中的好胜心理，而这种好胜心理的外在反映就包括竞争意识和上进心。我们的生活事实说明，每一种心理都需要得到合理的满足，这样人们才能更加健康，而其人际关系才会更加合理。

自嘲可轻松搞好人际关系

自嘲，作为一种幽默的表达方式，在社交中有特殊的表达功能。它可以营造欢悦的气氛，可以化解尴尬，可以拉近与别人的距离，可以消除对方的妒忌……

从心理学的角度来讲，自嘲是一种幽默的生活态度，它表现的是自嘲者的低姿态，以及良好的修养。它不会伤害任何人，相反，它体现了自嘲者的智慧，同时娱乐了大家。

《八千里路云和月》节目的主持人凌峰，有一回接受一个电视节目的邀请，作这个节目的特别嘉宾。

节目主持人侯小姐介绍他出场。

当时只见凌峰摘下帽子，露出了发亮的光头，深深向观众一鞠躬后开口说："各位朋友大家好，在下凌峰。"说着转身向侯小姐说："侯小姐，我很高兴又见到您，而您是很不幸地又见到我了。"

主持人立刻回答："哪儿的话，请您谈一下作为一个著名节目主持人的感觉好吗？"

凌峰说："我觉得我的先天的条件要比别人好，一些男性观众看到我都会觉得自命不凡(这时台下响起了掌声和笑声)。您看看，鼓掌的人都觉得自己长得比我帅！"

接着他又说："我是生长在台湾的山东人，南人北相，而且我看起来一脸的沧桑，似乎中国五千年的苦难都写在我的脸上了，所以大江南北的同胞都很欢迎我。"

全场的观众大笑。

凌峰一出场就赢得了全场观众的笑声，秘诀在哪？在于他大胆自嘲。

自嘲，即自我嘲弄，就是拿自身的失误、不足甚至生理缺陷来"开涮"，对丑处、羞处不予遮掩、躲避，反而把它放大、夸张、剖析，然后巧妙地引申发挥、自圆其说。

生活中，每当我们陷入窘境时，逃避并非良方，你怒不可遏地反唇相讥只会遭到更多的嘲讽，不如来个超脱，自嘲自讽，反而显得豁达和自信，保全了自己的面子不说，还堵住了别人的嘴巴。

有一个广东籍老师，普通话不过关，有一次上语文课，讲到某一问题要举例说明时，把"我有四个比方"说成了"我有四个屁放"，一时教室里像炸开了锅，学生笑得不可收拾。老师灵机一动，吟出一首打油诗："四个屁放，大出洋相，各位同学，莫学我样，早日练好普通话，年轻潇洒又漂亮。"老师的机智幽默赢得了学生的热烈掌声。

由此可见，自嘲还能营造一种良好的氛围，拉近自己与他人的距离，甚至让你备受欢迎。通常，优秀的大人物自嘲可减轻妒意，无足轻重的小人物自嘲可苦中作乐。

某银行的柜台服务员张冲能力出众，参加工作不久，便以灵活的人际关系与同事、客户打成一片。因此，张冲很快地就当选了公司的模范员工，受到表扬。

在表扬会上，银行总经理介绍说："张冲不但年轻有为，而且待人接物都值得我们学习，现在请他讲几句话。"

张冲很谦虚地谢过总经理，接过麦克风说："谢谢总经理，也谢谢大家给我这个荣誉，我一定会努力，不辜负大家的期望。"

"不过，"张冲看了看台下的同事，忽然调皮地说，"如果我的脸上不摆着笑容，我的眼镜就会掉下来。"

在场的人听了都哈哈大笑，毫不犹豫地鼓起掌来。

无疑，这个张冲很懂得心理学，他资历尚浅就得奖，同事们多多少少会觉得不是滋味，但他的一番自嘲，消除了同事心理的不平衡。

适时适度的自我嘲笑，还可让不友善的气氛变得友善，让他人在尽可能短的时间内接纳你。

当然，自嘲并不是自我辱骂，也不是出自己的丑。自嘲通常需要把握好分寸。换句话说，自嘲时要表现得超脱，但切忌尖刻，以避免让自己感到屈辱，让他人轻视。

自我示弱是拥有好人缘的策略

在人际交往中，自我示弱可以使对方放松紧张的情绪，从而创造一种轻松愉快的交流氛围。受自尊心的驱使，人们总是对自己的缺点和短处讳莫如深，不甘示弱。然而，如果我们对示弱巧妙地加以运用，它会成为使我们赢得成功的有力帮手。示弱也是化解矛盾、维护团结、和睦相处、共同进步的重要手段。这就是人际交往中的示弱定律。

有一天，一位记者去拜访一位政治家，目的是获得有关他的一些丑闻资料。然而，当这位记者还来不及寒暄，这位政治家就对想质问的记者制止说："时间还长得很，我们可以慢慢谈。"记者对政治家这种从容不迫的态度大感意外。

过了一会儿，秘书将咖啡端上桌来，这位政治家端起咖啡喝了一口，立即大嚷道："哦！好烫！"咖啡杯随之滚落在地。等秘书收拾好后，政治家又把香烟倒着插入嘴中，从过滤嘴处点火。这时记者赶忙提醒："先生，你将香烟拿倒了。"政治家听到这话之后，慌忙将香烟拿正，不料却将烟灰缸碰翻在地。

平时趾高气扬的政治家出了一连串洋相，使记者大感意外，不知不觉中，原来的那种挑战情绪消失了，记者甚至对政治家产生了一种同情，一场针锋相对的谈话也就这样不了了之了。

记者怎么也没有想到，事情的整个过程，其实是政治家一手策划的。因为政治家知道，当人们发现杰出的权威人物也有许多弱点时，过去对他抱有的恐惧感就会消失，而且受同情心的驱使，还会让对方产生某种程度的亲切感。

由此看来，我们在为人处世中，要使对方对自己放松警惕，形成一定的亲近感，就要很巧妙地、不露痕迹地在他人面前暴露某些无关痛痒的缺点，出点小洋相，表明自己并不是一个高高在上、十全十美的人物，从而制造出一种随和的交往气氛，使他人在与自己交往时松一口气，变得轻松愉快。

在交际中，地位高的人在地位低的人面前不妨展示自己的奋斗过程，表明自己也是个平凡的人。那些善于变通并已取得成功的人，在别人面前多说自己失败的纪录，现实的烦恼，给人"成功不易""成功了并非就万事大吉"的感觉。对眼下经济状况不如自己的人，可以适当诉说自己的苦衷，诸如健康欠佳、子女学业不妙以及工作中诸多困难，让对方感到"家家都有一本难念的经"。某些专业上有一技之长的人，最好宣布自己对其他领域一窍不通，袒露自己日常生活中如何闹过笑话、受过窘等。至于那些完全因客观条件或偶然机遇侥幸获得名利的人，更应该直言不讳地承认自己是"瞎猫碰上了死老鼠"。

示弱是维持生命生存的需要。在自然界进化的过程中，越是善于示弱的动物，越能有效地保护自己，适应环境的变化。乌龟在遇到强敌时不会与之斗争，而是将自己柔弱的头和四肢缩到硬硬的龟壳中，这样才能活得长久。自然界尚且如此，人类更是不例外，适时、适度地示弱，是保护自己的一种方式。示弱是一种"障眼术"，是在自己弱小、无力还击时保护自己免受"硬伤"的一种必不可少的保护手段。

示弱有时还表现在行动上，自己在事业上处于有利地位，获得一定的成功，在小的方面，即使完全有条件和别人竞争，也要尽量回避、退让。也就是说，平时小名小利应淡薄些，疏远些，因为你的成功有可能成为一些人嫉妒的目标，不可以再为一点微名小利惹火烧身，应当让出一部分名利给那些暂时处于弱势中的人。

巧妙示弱的心理也是人际交往中不知不觉中会经常用到的一种策略，平时我们的低调、谦虚做人处事，都体现出一种"示弱"的心理。从某种意义上来说，示弱不仅是人际交往中的一种智慧，更是一种做人的美德。人人都爱与这种有美德的人亲近、交往。

用"自己人效应"拉近距离

在人与人交往过程中，相互之间会产生影响，时间久了，彼此间就会产生一些相同的东西。有些交际高手会通过一些方法强化这种影响，融洽彼此之间的关系。"自己人效应"就是一种彼此影响下的心理现象。所谓"自己人"，就是指对方把你与他归于同一类型的人。善于交际的人会利用"自己人效应"在他人心中建立起归属感，以达到融洽双方关系的目的。

心理学研究表明，每个人都害怕孤独和寂寞，希望自己归属于某一个或多个群体。最初人们需要家庭，继而希望融入其他团体。群体的归属是人的一种需要，这种需要不仅是身体上的，更是心理上的。当归属感被满足时，人们就可以从中得到温暖，从而消除或减少孤独和寂寞感。"自己人"就是一个满足归属感的方法。

无论孩子还是大人，如果找不到归属感，就会一直制造麻烦，永远无法安乐，这样既会伤害自己，也会伤害别人。从某种意义上讲，人际交往就是一个寻找归属感的过程。当你通过交往建立起自己的朋友圈子时，就满足了自己内心归属的需要。如果你想结交一个朋友，你就需要融入对方的圈子，从中找到自己的归属。当一个人被告知是"自己人"的时候，心中就会不由自主地变得温暖起来，从而使他对"自己人"所说的话更信赖、更容易接受。

利用"自己人"效应，满足人们内心的归属感要求，深入人心，也可以轻而易举地赢得他人的认可。

抗日名将冯玉祥的诗中曾有"重层压迫均推倒，要使平等现五洲"的句子，他以"要求平等"号召士兵起来反抗。事实证明，冯将军并非空口说白话的人，他身体力行地实践着"平等"二字。平时冯将军体贴士兵，时刻关心他们的生活，亲自为伤兵尝汤药，擦身搓背，与士兵一起吃粗茶淡饭。在这种行动之中，士兵们都感到冯将军没有架子，与自己处于平等地位，因此把冯将军称为"真正的自己人"。

要得到他人的信任，就必须把对方当成自己人，通过"自己人效应"激发对方内心的归属感，这样才能拨动对方的心弦。

某中学校长发表以"矫正中学生早恋"为主题的演讲，他的开场白是这样的："记得我年轻时，上课过程中总是禁不住看班上一个女孩，不知怎么搞的，当时脑子里总是会想到她。"在场的同学听后顿时鸦雀无声，这位校长指出这是青春期性萌动的正常反应。接着，他谈了自己对早恋的看法。学生们都觉得校长亲切可信，有些学生还把自己的早恋问题通过写信的方式告诉校长，希望得到他的帮助。

很显然，仅仅通过威严、名望是难以说服别人的，即便你有好的建议，如果不能让对方信任，也难以让他接受。如果能够通过强化"自己人效应"来激发对方的归属感，那么取得别人的信任就不难了。

一般来说，在生活中碰到挫折或困难时，对归属感的需求就会更加强烈。事实上，很多事情并不是一个人所能承受的，这就需要更多人的支持。而在碰壁之后，受伤的心需要修复，这也离不开他人的帮助。

归属感一般包括五个维度：舒适感、识别感、安全感、交流感、成就感。对此，"自己人"都可以将这些一一满足。要想通过归属感来融洽人际关系，最好的方法就是利用"自己人效应"。当然，"自己人"不可乱用，应该掌握正确的方法。

首先，应强调双方一致的地方。要让对方认为你是"自己人"，从而使你提出的建议易于被接受。如果你没有根据就称自己为对方的"自己人"，对方不仅不会信任你，反而会觉得你轻浮不可信，甚至怀疑你有所图谋。

其次，应使双方处于平等的地位。如果彼此所处的位置不一样，即使你的言辞表述富丽堂皇，也不能引起对方的共鸣。无论是同甘共苦，还是换位思考，都是为了让彼此的心灵处于同一平面上，这样才有可能产生"共振"。要想取得对方的信赖，先要与对方缩短心理距离，与之处于平等地位，这样就能提高你的人际影响力。

最后，要有良好的个性品质。如果一个人缺乏良好的品质，即便他把别人当成自己人，别人也不屑于与之为伍。试想，谁愿意与品行不良之人为伍呢？

总之，要想让自己的人际关系更加融洽，让别人更加相信自己，就一定要擅用"自己人效应"。

宽容可以"化敌为友"

通常情况下，用宽广的胸怀包容、软化对手是人们欣赏和提倡的应变之术。一般来讲，以宽容对待敌意，化敌对为合作的策略往往是运用在处理内部矛盾或冲突之上的。虽然内部的矛盾或冲突没有根本的利害分歧，但是如果事情发展到敌对的程度，那么也就有了某种危机，并且如果处理不当，还会导致矛盾激化的危险。而拥有宽广的胸怀，能够大度地包容对手的人不仅能轻松地处理危机，更能拥有通达的人脉。

经过完璧归赵和渑池之会两次重大事件之后，蔺相如表现出了他强大的应变能力。赵王因为他的功劳大，就任命他做上卿，职位在廉颇之上。

廉颇很不服气地说："我当赵国的大将，有攻城野战的大功劳，可是蔺相如只凭着言辞立下功劳，如今职位却比我高。况且蔺相如出身卑贱，我不能忍受自己的职位在他之下的屈辱！"扬言道："我碰见蔺相如，一定要羞辱他。"蔺相如得知此话后，为了避免与廉颇发生正面冲突，尽量不出门，索性称自己生病了，连朝也不上，不肯与廉颇见面，不愿和廉颇争高低。廉颇碰不到蔺相如，气自然也出不了。

过了一些日子，蔺相如出门，廉颇远远望见是蔺相如的车马，急忙命令随从驱车上前去羞辱他。蔺相如此时也发觉情况不妙，便连忙让自己的车子绕道躲开。这样的事发生了好几次后，蔺相如的随从和佣人们觉得很丢面子。

于是他的门下客人都对蔺相如说："我们之所以离开家人前来投靠您，就是因为爱慕您的崇高品德啊。现在您和廉颇将军职位一样高，廉将军在外面讲您的坏话，您却害怕而躲避他，恐惧得那么厉害。连我们这种平常人都觉得羞愧，何况您还身为将相呢！我们实在不中用，请让我们告辞回家吧！"

蔺相如坚决挽留他们并说道："你们看廉将军和秦王哪个厉害？"门客回答说："自然是秦王。"相如说："像秦王那样威风，而我还敢在秦国的朝廷上斥责他，羞辱他的群臣。我虽然无能，难道单怕一个廉将军吗？我之所以避开廉将军，是因为我考虑到现在强大的秦国之所以不敢发兵攻打我们赵国，只是因为有我们两人在。倘若我们不和的消息传出，强秦就会乘虚而入。我怎能置国家大局不顾而去计较一己之愤呢？"

当蔺相如的这番话传到廉颇耳中之后，廉颇深感惭愧，便解衣赤背，背上荆条，由宾客引着到蔺相如府上谢罪，说道："我这鄙贱的人，不晓得事理，请您惩罚我吧！"

自从这件事后两人终于和好，成为誓同生死的朋友。

以宽容之心对待对自己有敌意的人，其基本的指导思想是"和为贵"。宽容待人，以和为贵，是处理内部争斗、朋友之间的过节乃至家庭矛盾等问题的有效心理方略。善于做大事的人一般都懂得包容人、团结人。

借他人的声望搞关系

借光由来已久，中国自古有很多诡智谋略与之有关，比如狐假虎威、攀龙附凤、借刀杀人、拉大旗作虎皮等等。我们略加留意后就会发现，传统上对借光术评价不高，为君子不齿。小人惯会沾光行骗，欺世盗名，狗仗人势，但这并非借光本身的错误。只要动机纯正，借助各种外力提高自己的知名度和办事效果，是被社会承认的方式之一。我们不可妄加指责，斥其一无是处。

在如今的社会，借力这种手段已经广泛被政治、经济、文化以及外交等领域所采用，而且大有日趋扩展之势。对于人际交往来说，它不失为一种提高自身形象，扩大自己影响的策略和技巧。可以巧借名人效应，如谈话中常出现一些身份很高的人的名字，你在别人眼里就不同寻常。巧借名言，如请社会名流为你题个词，请专家教授为你写的书作个序，请明星为你签个名等等。这些做法虽然有沽名钓誉之嫌，却是东方人"不为天下先"的眼光，也还算公道。只要是被社会承认，被人们正当追求，对社会进步有积极意义的，就算是借助名人提高自己的社会知名度，也是被社会所承认的方式之一。

名记者吴小莉之所以成名的原因，与她善于走在领袖身边有直接的关系。

1998年3月19日，在"两会"期间的记者招待会上，朱镕基总理首开先河地说道："你们照顾一下凤凰卫视台的吴小莉小姐好不好，我非常喜欢她的广播。""两会"期间的轶事，使吴小莉顿时成为传媒界引人注目的明星，也是她的提问，使朱总理留下了激昂的宣言："不管前面是地雷阵还是万丈深渊，我都会勇往直前、义无反顾、鞠躬尽瘁、死而后已。"

随着吴小莉知名度的提高，吴小莉主持的节目——《小莉看时事》也成为凤凰卫视台的名牌节目。内地的传媒朋友对小莉说："在中国电视圈里，只有文艺类主持人容易成名，很少有新闻类主持人成为明星，你算是特例。"中央电视台的一位朋友也笑说："小莉，你不知道你对中国内地电视新闻从业人员的冲击有多大，许多人加快了语速，剪短了头发。"

1998年年底，吴小莉和其他传媒界朋友一起采访领袖双边会。在吉隆坡她又一次成为传媒的宠儿。11月15日，当江主席步入会场，听说有香港媒体时，一眼就看见了她，笑说："吴小莉，吴小莉，你现在成了有名的人物了。"吴小莉激动地说："谢谢主席！"

一个有声望的人即使是平淡的一个"字"给了你，要比很多普通人长篇大论地给予的赞辞更有影响力，也会给你带来更大的声望和面子。

最典型的例子就是秦末的农民起义，项梁不惜找到楚怀王的一个孙子，推为楚王，便是想借楚怀王的影响吸引百姓。其实，借名人效应在各行各业都起着不寻常的作用。

做生意则更要找名人，像美国著名影星克拉克·盖博在电影中脱掉衬衫，赤裸身子，就这么一个镜头，竟使得美国贴身内衣的销售量急剧下降。而英国王妃戴安娜带头穿平底鞋，英国市场上的高跟鞋就乏人问津了……这些都是名人效应，有意识地利用，就是借名效应。

有些人也存在这样的误区，似乎一提借光便是借某人的势力，其实这是片面的误解。借权贵名流为自己所用，只是借光的常见形式，实际上凡是能让我们为人做事增光添彩的人、物、事都是借光的范围，比如祖宗、衣服、籍贯、才智、言论等等。

交际中可以借强大而有权有势者的光。此人或者与你抱有同样的梦想，而愿意帮助你的事业；或者为了双方共同的利益，情愿伸出援手，助你一臂之力。与此相似，你是否注意到许许多多的小鸟在大水牛的背上，它们吃掉水牛背上的虱子和蚊子，让水牛免遭虱蚊噬咬之苦，而水牛则为小鸟提供栖身之处和保护。

借光不仅仅只借他人之光，你还可以借助自己的才智，或者是自己的工作。假使艾萨克·斯特恩从来没有拉过小提琴，那么他永远也不会成为我们今天所认识的艾萨克·斯特恩。通过精通这种乐器的本领，艾萨克·斯特恩成为举世闻名的人物。由于同样的原因，不管你从事哪种专业，你的工作都能成为你可以借助的力量。

由此可见，借光并不是非要借那些达官贵人、社会名流之光，这是值得给予重视的一点。生活中可以借光的事物很多，我们应该时刻注意那些能让我们提高声誉和形象的人物及事情。

　　总之，借光的办法很多，光的源头也千奇百怪，我们应当多用心挖掘。善于发现，便会成为你人生的帮手，促成你的成功！

交际要学会抬高别人、放低自己

陈安之在《看电影学成功》中是这样说的：一般人是如何获得自信的？是通过比较：你比较好，所以我就没有自信；我比较好，就变成你没有自信。而每一个人都希望得到认同、得到自信。所以，周星驰演的角色，十部片子有九部都是演一个常被嘲笑常被欺辱的人，演一个最被人看不起的人，能让所有人都觉得"我一定会赢过你"，结果影片最后，周星驰一定会一反弱态，战胜强敌，扬眉吐气……

生活中，要想让别人喜欢你，你在别人面前时就要能让别人感到很舒服、很自在、很优越、很有成就、很有自信……

这就叫"Tee—up法则"，Tee是打高尔夫球用的小支球托，up就是把它垫高起来的意思。所有人打高尔夫球，在开杆的时候，都必须插下那个Tee，才有办法把球打飞出去。

这就是Tee的作用——把自己放低而把对方垫高了，结果自己就成了对方离不开的、最有价值的"Tee"。

周星驰的票房之所以会高，不是因为他善于演喜剧片，而是因为他是一个"心理学专家"，他懂得真正的成功之道——把别人垫高，把自己放低，让别人有了"安全感"，让别人有了"快乐"，让别人有了"自信"，让别人有了"希望"，这样别人才会喜欢自己，事业才会顺顺利利成功。

在社会中结交朋友，发展关系，不光要抬高别人，还要放低自己。福特公司的创始人福特就是一个很会放低自己的人。

1923年，美国福特公司有一台大型发电机不能正常运转，公司里的几位工程技术人员百般努力都无济于事。福特焦急万分，只好请来德国籍科学家斯特罗斯。

斯特罗斯来到福特公司后，爬上爬下地在电机的各个地方静听空转的声音，然后用粉笔在电机的左边一个长条地方划了一道杠。

"毛病出在这儿，"科学家对福特说，"多了16圈线圈，拆掉多余的线圈就行了。"

技术人员照此一试，电机果真奇迹般运转了。

大家对斯特罗斯表示非常感谢。

"不用谢了，给我一万美元就行了！"斯特罗斯说。

"天哪！画条线就要一万美元？"技术人员大吃一惊。

"是的！"斯特罗斯傲慢地说，"粉笔画一条线不值1美元，但知道该在哪里划线的技术超过9999美元！"

看着傲慢的科学家，福特不仅愉快地付了一万美元酬金，并且表示愿用高薪聘请他。谁料，科学家毫不心动，他说现在的公司对他有恩，他不可能见利忘义去背叛公司。

福特一听，索性花巨资把斯特罗斯所在的公司整个买了下来。以福特的地位和财势，竟然也"丢下面子"忍受了斯特罗斯的傲慢和冷嘲热讽，这是因为福特清楚成大事者必须以人为本，而斯特罗斯就是他取得更多财富的无价之"宝藏"。为了留下这座"宝藏"，福特竟然花巨资买下了他所属的公司。看来，要想求人必须厚起脸皮，放下身段。

刘备为求得千古难遇的人才，三顾茅庐，感动得诸葛亮忠心耿耿，为了蜀国的发展，鞠躬尽瘁，死而后已；张良为学到失传的兵书，三次起早摸黑去桥边等候，才得到了运筹帷幄、克敌制胜的《太公兵法》。因此，要想让别人喜欢自己，首先就要放下架子，以诚恳平易的心态对待他人，才能够为自己打造融洽的人际关系。

用"改宗效应"来赢得人心

生活中，人们为什么不喜欢"好好先生"，这是因为他们没有是非观念，人云亦云。由于这类人提不出反对意见，给人的感觉就是没有能力。而不少敢于直言是非，勇于开展批评的人，最终之所以能受到人们的喜爱，乃是因为他们给人一种富有才能的感染力。所以，当大多数人赞同的时候，你的反对更具有价值。有价值，才会被人重视，才有资本赢得人心。

美国社会心理学家哈罗德·西格尔研究发现：比起一向忠实于自己观点的人，人们更喜爱那些原来持有的观点与自己不同，最后被自己说服的人。这就是心理学上的"改宗效应"。

这看起来有些不可思议，为什么人们不是选择那些一直同意自己观点的人，而是选择了那些曾经的"反对者"？人们真的会不计前嫌吗？从心理学的角度分析，一个人在诱使他人改变观点或批评他人时，通常都会感到自己是有能力的，而能与之抗衡、争辩的必然也是那些有能力的人，他们比单纯的同意者更能让自己开拓思维、增长能力，而能将这些有能力的人说服，就说明自己是更有能力的。所以，他们会更加喜爱那些曾经的"反对者"。

人本来就是千差万别的，我们不可能永远和别人拥有同样的想法，存在不同意见是正常的，勇于表达你对朋友的意见或是发表不同的看法，这符合"改宗效应"的心理原理。

也许你很担心自己的意见并非正确反而会误导他人，或是怕你的话会挫伤对方的自尊心而伤害到两人之间的友谊。其实，你大可放心，没有人可以保证自己的见解就一定是对的，而真正的朋友也不会因为你的一个反对意见就认为你是友谊的背叛者，一贯保持"好好先生"的行为方式反而让人心存反感。

因此，生活中勇于表达自己的观点，不一味奉承，才会增加自身的吸引力和受欢迎程度，用"反对"来赢得人心的关键，就在于你是否能把握并有效运用人际交往中的"改宗效应"这一心理策略。

谦虚但不让人感到虚伪

　　谦虚和懂得如何谦虚，永远是赢得他人好感和受人尊敬的最重要法宝之一。遗憾的是，社会上的有些人却把握不好谦虚的度，让人感到虚伪，让人敬而远之，实属不该。

　　谦虚永远是一种美德，谦虚的人在人际交往中总能给人以好感。

　　众所周知，恩格斯是以谦虚闻名的。在他70岁生日来临之际，许多同志和朋友前来祝寿，贺电和信件像雪片似的飞来，恩格斯感到十分不安。他表示说："我主要是靠了马克思才获得信誉！"他对来人诚恳地说："我远没有祝寿的情绪，而且这完全是不必要的热闹，我无论如何不能忍受。"第二年，他71岁生日前夕，听说德意志工人共产主义教育协会歌咏团将在他生日那天晚上为他举行音乐会，就立即发出了信件，恳切劝阻。信中写道："我尤其反对在生前为我举行公开的庆祝活动。"

　　愈谦虚愈受到人们的敬重。73岁高龄的恩格斯到维也纳、柏林去访问，两个城市的群众欢迎气氛之热烈是罕见的，恩格斯在维也纳的欢送大会上的演讲中说道："如果说我在参加运动的50年中确为运动做了一些事情，那么，我并不因此要求任何奖赏。给我最好奖赏的就是你们！"

　　美国南北战争时期南方联盟的战将杰克逊，也是一个以谦虚闻名于世的人。有人说"天赋的谦虚"是杰克逊显著的特性和优秀的品质。在墨西哥战斗中，总司令斯哥托对他的指挥能力给予了极高的评价，而杰克逊从未向任何人提起过。不过，杰克逊并不是视功名如粪土，他有着树立声誉、博得大众注目的计划，因为那个时候他只不过是一个空有其名的副官。后来，这位勇敢、谦虚、聪明过人的人，巧妙地实施了向上进取的每一个计划，获得了斯哥托将军的好感，杰克逊便因此被不断提拔。

　　我国古代著名的大思想家、教育家孔子，学识渊博，但从不自满。有一次在他去晋国的路上，遇见一个七岁的孩子拦路，要他回答两个问题才让路。其一是：鹅的叫声为什么大。孔子答道：鹅的脖子长，所以叫声大。孩子说：青蛙的脖子很短，为什么叫声也很大呢？孔子无言以对。他惭愧地对学生说，我不如他，他可以做我的老师啊！

我国古代名医扁鹊也是个比较谦虚的人。一次，魏文王问名医扁鹊说："你们家兄弟三人，都精于医术，到底哪一位最好呢？"

扁鹊答说："长兄最好，中兄次之，我最差。"

文王再问："那么为什么你最出名呢？"

扁鹊答说："我长兄治病，是治病于发作之前。由于一般人不知道他事先能铲除病因，所以他的名气无法传出去，只有自己家的人才知道。我中兄治病，是治病于初起之时。一般人以为他只能治轻微的小病，所以他的名气只及于本乡里。而我治病，是治病于病情严重之时。一般人都看到我在经脉上穿针管来放血、在皮肤上敷药等，所以以为我的医术高明，名气因此响遍全国。"

从上面讲述的这些例子，我们不难看出谦虚是一切伟大灵魂所共有的品质。他们都能超越浅薄的虚荣得到大家尊重尊敬。

那些谦虚豁达的人能赢得更多的知己，那些妄自尊大、小看别人、高看自己的人总是令人反感，最终在交往中会使自己到处碰壁。老子曾说："良贾深藏若虚，君子盛德貌若愚。"这句话告诉我们，要敛其锋芒，收其锐气，千万不要不分场合地显示自己的才能。因为你的长处短处被别人看透后，就很容易被他人支配。

谦虚的人往往也能得到别人的信赖。因为谦虚，别人才不会认为你有威胁，才会更好地与你建立关系，并永远受到欢迎。卡耐基曾有过一番妙论："你有什么可以值得炫耀的吗？你知道是什么原因使你没有成为白痴吗？其实不是什么了不起的东西，只不过是你甲状腺中的碘而已，价值并不高，才五分钱。如果别人割开你颈部的甲状腺，取出一点点的碘，你就变成一个白痴了。在药房中五分钱就可以买到这些碘，这就是使你没有住在疯人院的东西——价值五分钱的东西，有什么好谈的呢？"

但是，生活中过度谦虚的人会给人一种很虚伪的印象。古时候有一位名叫黔敖的贵族，想发点"善心"，于是，每天一早便在大路旁摆上一些食物，等着饿肚子的穷人经过，施舍他们以示自己的仁慈与厚德。

一天，黔敖又坐在路旁的车子上，等着需要施舍的人经过。正在这时，一个饿得不成样子的人走了过来，他用袖子遮着脸，拖着一双破鞋子，眯着眼睛，摇摇晃晃地迈着步子，身体显得十分虚弱。

黔敖看到这个人后，认为显示自己"仁慈"的时候到了，便左手拿起食物，右手端起汤，傲慢地叫道："喂！来吃吧！"

黔敖一心以为那个饿汉会对他感恩不尽，感谢他的好意和慷慨。可是出乎意料的是，那个饿汉抬起头，抖了抖衣袖，轻蔑地瞪了他一眼说道："我就是因为不吃这种'嗟来之食'才饿成这个样子的。你以为一个人为了食物，就会抛弃自己的尊严，接受这种侮辱性的施舍吗？你还是收起你那套假仁假义吧！"说完，那饿汉扭头就走，闹得黔敖心里十分懊悔。

古罗马思想家西塞罗说："在所有堕落的行径中，没有比伪君子的所作所为更加邪恶了。伪君子总是在最虚假的时候，小心翼翼地装出最善良的样子。"待人接物切莫有轻侮之意，尤其是在帮助别人的时候，更要小心顾全对方的自尊，否则反而会惹得对方生气，岂不自讨没趣。

总而言之，过分谦虚的人，是因为怕对方看出自己真正的欲望，就会以过度的谦虚掩盖自傲的言辞。一般人往往都无法忍受这种刻意的炫耀及虚伪的谦虚。

谦虚与自我标榜恰当地结合，是一个人获得成功的途径。不让别人感到失落和使别人对你产生好印象的秘诀之一便是恰当地表现自己的谦虚。因为，谦虚的人不会受到别人的排斥，才容易被社会和群体吸纳和认同。未达到成功的人没有什么值得特别骄傲的，因此，更应该保持谦虚。已经取得成功的人，也不该自高自大、自以为是，更应该继续保持谦虚的作风，因为知识是没有穷尽的。

适当自我暴露更容易被对方接受

现实生活中，许多人受"面子"的驱使，或是为了使自己在别人面前的形象更加"完美"，不愿意透露自己真实的信息，唯恐自己的弱点暴露给别人会有损自己的形象。殊不知，恰如其分地暴露自己，不仅不会损坏自己的形象，还能快速地缩短彼此间的心理距离，使你更容易被他人喜欢和接受。

心理学上对自我暴露的解释是：把自己真实的一面显示给他人，拉近双方的心理距离。交往双方通过采用自我暴露的方式可以增加相互间的接纳和信任感。

心理学家认为，良好的人际关系是在自我暴露逐渐增加的过程中发展起来的。随着信任和接纳程度的提高，交往的双方会越来越多地暴露自己。所以，自我暴露的广度和深度是人际关系深度的一个敏感的"探测器"。想了解我们对别人的接纳程度，通过了解我们的自我暴露水平就可以。

通常来讲，我们对别人接纳得越多，要求对方对我们暴露得就越多、越深。但有一点要特别注意：无论关系多么亲密，我们每个人都有自己不愿意暴露的领域。所以我们没有必要让对方完全敞开心扉，更不应该随意去侵犯对方不愿意暴露的隐私。否则，会让对方产生强烈的排斥情绪，从而导致对自己的接纳度下降。

自我暴露的程度一般来说划分为四个层次：第一是情趣爱好方面，比如饮食习惯、偏好等；第二是态度，如对人的看法，对政府和时事的评价等；第三是自我概念与个人的人际关系状况，比如自己的各种情绪、和家人的关系等；第四是隐私方面，比如个体一些不为社会接受的想法和行为等。

自我暴露不仅能拉近双方的心理距离，还会增加双方的喜爱度。"自我暴露会增加被他人喜欢的程度"，这是美国社会心理学家西迪尼·朱亚德通过一系列实验得出的结论。

一位知名影星主演的新片受到了评论界的指责，他因此变得整日心情忧郁。

"我再也抬不起头来了，我怎么熬过这种可怕的日子呢？"他对心理专家诉苦道。

心理专家听了之后，只给他了一条建议：把你自己内心中这些想法主动暴露在大家的面前。这位电影明星照办了，他举行了三次记者招待会，忐忑地暴露了内心中的自我，说他为自己的发挥失误感到很惶恐。经过这几次招待会，他卸掉了思想上的包袱。由于他的真实流露，给记者们留下了深刻的印象，记者们重新以同情加赞许的笔调报道了他，他重新成为影迷心中"令人喜欢的人"。

因此，良好的人际关系，是在人们自我暴露逐渐增加的过程中发展起来的。随着我们对某个人的接纳度和信任感越来越高，我们也会越来越多地暴露自我，同时我们也希望别人越来越多地暴露他们自己。比如，我们要想知道自己同他人的关系深度如何，要想知道他人对我们有多高的接纳度，只需要了解他人对我们的自我暴露深度如何即可。自我暴露的层次越高，说明双方交往的程度越深，与对方的关系也越好。这就是自我暴露的"贴近效应"。

人际关系由低水平的自我暴露和信任开始。当一个人开始自我暴露时，这便是信任关系建立的标志。而对方以同样的自我暴露水平做出回应，就是接受信任的标志。这种自我暴露的往复交换，直到双方达到满意的水平为止。

综上所述，在人际交往的过程中，一定要恰如其分地暴露自己，这样才能更快地拉近彼此的距离，更容易被对方所接受。

第三章 成功交友的心理博弈术

　　交朋友是一个大浪淘沙的过程，是从开始做加法然后逐渐做减法的过程。人的一生如果交上好的朋友，出自真情实意，又是志同道合，就不仅可以得到情感的慰藉，心灵的安抚，还可以互相砥砺，相互激发，成为事业的基石。然而，要想交到在生活和事业上无话不说、心有灵犀的知心朋友，除了真诚外还要读懂朋友的心理，学点交友心理学。

别让金钱影响到朋友交往

　　所谓朋友，指的是在事业上有共同的追求，在生活中有基本一致的趣味，而且在经济上应该互相帮助。朋友之间，礼尚往来，互赠一些物品，或者在适当的时候一起吃饭喝酒等，也是情理之中的事。但是，如果有人认为"因为是好朋友，在经济上就可以不分你我"，那就大错特错了。

　　友谊的基础是想法、兴趣爱好上的一致和事业理想上的共同追求。俗话说得好，"交义不交财，交财两不来；要想朋友好，银钱少打扰"。如果把友谊建立在金钱的基础上，就好比把大楼盖在沙滩上，这种友谊是不牢靠的，认真来说，这样的友谊不是真正的友谊。如果在朋友交往中，在经济上长期不分你我，有饭大家吃，有钱大家花，那么，必然带来许多不良的影响。

　　首先，会使友谊变质，使纯洁的友谊蒙上拜金主义和物质至上的灰尘。天长日久，彼此之间的平等关系会变成经济上的依附关系。

　　其次，由于物质至上观念的侵入，朋友之间平等的关系还会被金钱交换关系所代替。这时，被金钱腐蚀了的"友谊"就可能变成掩盖错误甚至包庇违法犯罪行为的"保护伞"；经济上的不分你我，就会演变成不讲原则，不分是非。

　　最后，因为受金钱腐蚀，"以财交友，财尽则交绝"，最终会使友谊不复存在。但是朋友之间，免不了要牵涉到经济问题。比如，请客吃饭，这是一件礼尚往来的事情，朋友之间为了增进友谊，加深了解，一起吃吃饭，休闲娱乐一番都是很正常的。在这种情况下，一定要表现得大方一点，因为没有人愿意同小气的朋友来往，你算计我，我算计你，这种友谊是长久不了的。当然，现在都很时兴AA制，亲兄弟明算账，这样最能获得大家的认可，但要注意的是，有些人不喜欢AA制，觉得这样疏远了感情，那么就要事先沟通好，要将AA制的形式提前提出来，然后获得大家的一致认可后再执行。

　　再比如，人情礼。曾经有媒体反映，中国家庭的一个月的人情礼钱要高出人平均收入，这在外国人看来是不可思议的，也许这就代表了"礼仪之邦"的特点吧，遇到红白喜事，作为朋友、亲戚、同事，都要表表心意，尤其是朋友，随着关系的远近而礼物轻重有别。

送礼一定要把握好一个"度"。首先是不能超出自己的经济承受能力，量入为出；其次要考虑到对方的经济条件，因为中国人都知道这些人情礼都是要"还"的，千万不要因为送礼让自己和朋友背上了包袱，那样对友谊也是一种暗伤。

另外，借钱的问题向来是很敏感的。朋友之间，往往是一方不好意思开口，另一方呢，不好意思拒绝。处理这个问题，作为借钱的一方，开口前要想到，能否想出别的办法，如向银行贷款什么的；对方的实力如何，借钱给自己是否有难处；自己的偿还能力怎么样，可以向对方承诺多长时间内一定还清。而借钱出去的朋友，一旦朋友开了口，碍于面子又不好拒绝，而除非真的是大款，否则在自己的能力范围之内借钱给别人还真是比较为难，那么，你就应该想好了：首先这个朋友是不是有信用，再好的朋友也应该有道德约束，品质不好的人本身就不值得你为借不借钱给他而发愁；然后是自己的实力，是否真有这样一笔闲钱，还是要从自己的开支中省出，如果是省出来的钱借给别人，就要问问自己愿不愿意，还要考虑家人的感受；还有，考虑对方的还钱能力是无可厚非的，自己辛辛苦苦挣来的钱要花在刀刃上，有去无回的借钱是绝对不能忍受的。如果朋友以前曾经犯过这样的错误，绝对不要再给他第二次骗你的机会，借钱不还的人终归是没有信用的，这种朋友不值得一交。

那么，朋友之间该如何正确对待和处理经济上的关系呢？应该肯定，朋友之间经济上的帮助是应该的，也是无私的，不图对方报偿的。但这只是事情的一个方面，另一个方面，应该明白，帮助从来是互相的，即使被帮助的一方无力对等地给朋友以相应的帮助，但也要心中有数，记住"来而不往非礼也"的古训，当有机会对朋友的帮助进行报答时，一定要及时，使这种物质上的来往大体保持平衡。这也叫人际交往中的心理平衡法则。

当与朋友之间已经或正在产生较大的经济利益关系时，则不要忘记"好朋友还须明算账"，采取适当的方法，互相尊重对方的权益，商妥处理相互经济利益关系的原则和方法，把权利、义务关系弄清楚。这样做，看来无情，实则有义，"买是买，送是送"，可以避免许多无益而有害的纠纷，使友谊更加牢固。

　　总之，朋友之间有经济上的往来是在所难免的，但一定要讲原则，懂得朋友交往之间的"金钱担忧心理"。如果金钱成了朋友之间"吐不出来又咽不下去"的"难言之隐"时，那么友谊则面临着严峻的考验了。"交义不交财"，莫让金钱把友情伤害！

交友交心，真诚最能感动人

内心真诚，即使拙于辞令，拙于表情，却能体现出你的朴实。诚且朴实，效力更大，只要对方对你素无误会，你的真诚，必能感人。

一般来讲，一个人如果虚伪奸诈，在社会上会成为图利弃友的市侩小人，这样的人是没有朋友的，有也只是利用关系来达到自己的目的，把朋友当作工具。交友如果不交心，一切都不会长久。只有一颗真诚的心，才能成为一个可以信任的人。

北宋大词人晏殊就是这样一位真诚的人。有一年他参加殿试，当他看过试题后说："我十天前已经做过这个题目，而且文章草稿还保存着，请皇上换别的题目吧。"正是因为晏殊的这份诚实，才使得宋真宗非常喜欢他。

还有一次，宋真宗在挑选辅佐太子的官职时，出人意料地在百官中选任晏殊。宰相问真宗用意，真宗解释道，我听说各级官员，无不游山玩水，大吃大喝，通宵达旦，歌舞不绝，唯有晏殊闭门与兄弟读书，如此谦厚，正可担当辅佐太子的重任。"晏殊听说后，便老老实实向真宗说，我并不是不喜欢游乐吃喝，只是因为我现在没钱。如果有钱，这些旅游宴会我也会参加的。宋真宗越发佩服晏殊的诚实，又因为晏殊懂得为臣之道，便越来越受到真宗的重用，到宋仁宗时，晏殊被任命为宰相。

事实上，诚能动人，至诚可以格天，虽说是老话，但其效力的宏大，古今中外，颇少例外。

三国时，孙策任用吕范主管东吴财经大权。孙策的弟弟孙权此时年少，总是偷偷地向吕范要钱，吕范则一定要请示孙策，从来没有独自答应过孙权。因为这个事情孙权对吕范很有看法。后来孙权任阳羡县令时，就私自建立了自己的小金库以备私用。

孙策有时来查账，周谷便为孙权涂改账目，造假单据，使孙策没有理由责怪孙权。孙权这时很感谢周谷。

后来，孙权接替孙策统管东吴大事，因为吕范忠诚，特受到孙权的信任，而周谷却因为善于欺骗和更改账目，始终没有得到孙权的重用。

那么，生活中的我们怎样才能做一个真诚的人呢？

首先，要做到真诚，不能光在外表上下功夫。说话表情虽好，而你的内心不诚，至多成为"巧言令色"罢了。对方如不是糊涂之辈，定会看出你的虚伪，因为内心不诚，凭你巧言令色，终有若干破绽会被对方看出，岂不成为心劳术拙吗？

其次，最忌的是采用欺骗手段，欺骗也许能得一时之利，却不能维持长久。如果你的欺骗日后被人察觉，即使你真的有诚意，仍会被认为是另一种姿态的虚伪。因此，一生不可有任何欺骗行为。也许你曾遇到过这类人，你以真诚相待，他却以谲回报，于是，你便对于诚的效用发生了怀疑。其实，真诚的力量是绝对的，之所以会发生例外，只是由于你的真诚不足以打动对方的心。对这一切你要"反求诸己"，不必"求诸人"，这是用真诚动人的唯一原则。

再次，如果对方不是那种值得深交的人，你也畅所欲言，以快一时，只能显示出自己的冒昧和浅薄。真诚本来有三种限制：一是人，二是时，三是地。非其人不必说；非其时，虽得其人，也不必说；得其人与时，而非其地，仍不必说；非其人，你说三分话，已是太多；得其人与时，你说三分话，正给他一个暗示，看看他的反应；得其人与时，而非其地，你说三分话，可以引起他的注意，如有必要，不妨择地长谈，这并不与真诚相悖。

总之，要想使自己成为一个真诚的人，就要锻炼自己在小事上做到完全诚实。有些时候，当自己不便讲真话时，不要编造小小的谎言，不要去重复那些不真实的流言蜚语。

这些戒律看起来是微不足道的，但是当你真正在寻求真诚并且开始发现它的时候，它本身的力量就会使你着迷。最终，你会明白，几乎任何一件有价值的事，都包含有它本身的不容违背的真诚内涵。如果你追求它并且发现了它的真谛，就一定能使自己进一步完善。

当然，也只有自己真诚了，才会获得真正的朋友，才能在复杂的人际交往中立于不败之地。倘想获得知己，必先以真诚待之。你如能做到先给别人一点点温暖，就可在茫茫人海中找到知己。把交友当经商般的经营，确有其人，但路遥知马力，日久见人心。

过分依赖会损害朋友关系

朋友之间也有主动和被动，有某种意义的控制和依赖，这些也许只是一种习惯，但它却影响着你与朋友的关系。如果你摆出控制者或依赖者的架势，你就不可能体会友谊的真正含义，最终你也会没有一位真正的朋友。

智慧的人都知道保持友谊的健全，但健全的和不健全的友谊之间有一条几乎模糊不清的界限。有些人与朋友的关系恶化、令人失望或令人非常不满，就是因为他们往往难以区分健全的和非健全的友谊。

过分的依赖会损害你和朋友之间的关系，而且是双方的。朋友并非父母，他们没有法定责任来指导和保护你，他们可以给你支持，但不可能包办代替，你必须清楚，这只不过是朋友的范畴而已。

如果你事事游移不定，习惯于向朋友询问，就会使你受到朋友正确或错误的意见影响。为此，你应该立刻决定，摆脱对朋友的依赖。

有的人恰恰相反，他们盛气凌人，在与朋友的交往中，总喜欢指手画脚，不管朋友的想法如何都要求朋友按照自己的意愿去做。这种做法无异为友谊的发展埋下了不祥的种子。

朋友之间的交往不可超越本分，更不可过分依赖，这是做人起码的原则和智慧。

可以说朋友是五伦之一，在事业上也是很重要的一环。朋友就是感情的象征，志同道合的就可以结为朋友。朋友是平等关系，切不可把自己的意志强加于他人。

钟红，是一位有三个孩子的年轻母亲，她有这样一个女"主人"式的朋友。新搬进这一居民区，钟红急于找朋友。这时，楚云进入了她的生活，像只母鸡似的把钟红呵护在翅膀下。不久后，钟红发现，楚云不仅是只母鸡，还是个大王，她是位社会团体的总裁，整个团体是由她的朋友和她们的丈夫组成的。

"起初我挺喜欢她，"钟红说，"我是她的特别好友，她要我做什么，我就会做什么。有时我感到似乎受她的压制，但我不知该怎么办，因为我的确喜欢她，希望与她保持朋友关系。"

钟红意识到，如果她真想与楚云或任何人交朋友的话，她应该学会与朋友平等相处，有往有来，互相帮助。也就是说要弄清自己必须干什么，并把它付诸实施。

如果你想对朋友说，"你应该""你不应该""你最好""你必须"，那么你无疑是想控制朋友的生活，这种做法，会使朋友感到很不愉快，有压抑感。

如果你是被控制者，不要认为有人为你操心一切是再好不过的了。控制你的朋友不是知心的朋友。一旦你把自己从他的"统治"下解放出来，就会出现奇迹，你和朋友就会变得平等。

所以过分依赖朋友的人，只会使自己变得懒惰，懒于行动，懒于思考，最后连朋友都会产生厌烦心理，你也会为此付出惨重的代价。

交友也要遵循"交换对等定律"

社会心理学中有这样一句话，"我们喜欢那些同样喜欢我们的人"。人们在选择人际交往对象时，那些喜欢自己的人一般都会成为首要考虑的人选。其实，这是人际吸引过程中的一种常见效应——交换对等定律。

通常来说，人们彼此间的交往都需要遵循对等定律，也就是一种对等的结合。事实证明，对等的交往才会有稳定的基础，不对等的交往就有不平衡的因素。所以，人们一般都在满足"对等"的范围内选择交往的对象。

人们都希望自己所交的朋友是一个不错的人，就算不比自己强，也应该与自己相差不远。人们希望自己所交的朋友能够帮助自己，最起码能够支持自己。在结交朋友的时候，每一个人内心都有这样的渴望，如果对方不能满足自己这种内心的需要，那么彼此的交往就很难继续下去，因而人人都在寻找有对等条件的交往对象。

但是，现实往往很难实现人们的这种愿望，因为要让彼此的情感完全处于对等状态是非常困难的。毕竟在生活中，"郎才女貌"这种情况还是比较少的，更何况人们在交友过程中往往存在着较高期望，大家都希望得到更好的朋友，因为这样对自己的帮助会更大、更明显，结交有身份的朋友，最起码可以给自己"长脸"。很显然，现实中要满足这样的心理需要是不太可能的。于是，人们的内心则把对等效应"变相使用"，成为一种"等值交换"。譬如，有些人无论在文化、学历上还是身份上都很一般，只因为长得英俊或漂亮，就可以结交到身份显耀的朋友。其实，这也是一种对等。一个人其他条件一般，但相貌特别出众，也可能被评出高分。用经济学的术语来讲，美貌是一种稀缺资源，它不像学历、能力可以通过后天努力获得，相貌是先天决定的，是没办法的事。这种先天的优势往往能够弥补一些后天的缺失。就好像做房地产生意，好地段是稀缺资源，边远地区的房子盖得再好，可能都不及好地段卖得好。在交往过程中，这种先天的优势就可以与文化、学历、气质、身份等具有对等的价值，因而有优势，彼此的交往就能够维持住。

相反，如果先天条件不足，人们也可以通过后天的努力提升自己以达到对等定律的要求，结交到好朋友。

尽管在人际吸引过程中对等律普遍存在，但是也有特殊对等的现象。有些人能够超值发挥，突破一般对等律，获得长久而稳定的人际关系，就好像在体育运动中，运动员并不一定要擅长所有的体育项目，如果一个人所具备的特质属于稀缺资源，那么只需要一条就足够吸引他人了。

有位男士很优秀，可他的妻子从哪方面看都很平常，两人的条件相差很大，但他们一直不离不弃。尽管从表面上看，妻子和丈夫一点都不般配，可是人们都可以体会到丈夫对妻子的爱。后来，人们了解到两个人的过去，才知道了他们幸福的原因。原来妻子与丈夫曾经共患难过，不仅如此，她一直悉心呵护丈夫，这种理解和呵护是丈夫在其他女人那里根本得不到的。他的妻子还特别善于理家，承担着照顾孩子、赡养父母的责任，在安排衣食住行等方面给了丈夫不可或缺的安全感。这些特殊的要素是外人一时难以了解也不容易看清的。事实上，两个人的稳定关系就来自这种特殊对等。

关于对等律，婚姻如此，人际交往更是如此。

身为一个普通人，如果想与一个特别成功的人交朋友，本来论条件可能对等不上他，但是，假如能找到他的特殊需要，发挥对他的特殊作用，然后超值发挥，也可能取得成功。无论如何，都需要让自己的某一特殊资源可以触动到对方。

保持联络使人脉四季开花

朋友之间从相识、相知到相处都需要细心的呵护，其中相处是持续时间最长、最需要用心经营的阶段。朋友之间的相处，实际上是心灵之间不同形式的交流和碰撞，这种心灵之间的交流与碰撞是最需要智慧和技巧的。不论是什么样的智慧和技巧，最基本的原则就是朋友之间要始终保持联系。没有了联系，即使再深厚的友谊也可能变得越来越淡；没有了联系，两颗心灵之间可能会彼此疏远；没有了联系，曾经无话不谈的朋友可能变得形同陌路。因此，保持联系能够使友谊之树常青，能够使你的人脉无限广阔。

刘备在读私塾时，由于人讲义气、又聪明，因此成了同学中的老大。在几年中，他经常帮助其他同学，与他们的关系相处得都非常好。后来大家都长大了，也都走向了各自的道路，刘备也与昔日的好同学、好玩伴各奔东西了。

虽然说大家彼此都分开了，但是刘备却很注重经常与同学保持联系。其中有一位叫石全的人，是刘备读书时最要好的同学。石全在读完书后，由于老母亲健在，于是便回家继续供奉老母亲，以尽儿子的孝道。石全为了维持母亲和他的生计不得不打柴和卖字画。而刘备不嫌昔日同窗的清贫，经常邀请石全到他家做客，共同探讨当时天下形势。像这样融洽的聚会一直保持了若干年，这也致使刘备与石全的关系不断地加强，情同手足。

后来，刘备为了实现自己心中的宏伟目标，就带领一支队伍参加了东汉末年的农民起义。初时，刘备的军事实力还十分小，不得不依附其他人，在一次交战中，寡不敌众，刘备所带的军队被全部歼灭，他自己也受了重伤，后来被石全救助并把他藏了起来，才躲过敌人的追杀，由此逃过了一劫。

可见，同学关系有时在紧要的关头能帮上大忙，甚至冒着生命危险帮助你，为你排忧解难。但是，一定要记住一点：这中间的益处是来自于你平时自己的努力，如果你在与同学分开之后并没有经常性的相聚，那么好的关系又从何谈起，从中受益则更是一纸空文而已。所以，只要你抱有诚心，抱有真情，用你的真诚来维持分开之后的同学关系，你的人际关系面就会更加广泛，路也会越走越宽。

有些人认为建立关系就是四处搜集名片，然后分别打电话向对方求一份工作。事实上，建立人际关系并不等同于求职，求职仅仅是其中一个目的而已。关系的建立是个持续的过程，或许他们无法立即介绍工作给你，但是只要保持联络就会有机会。

第一次接触以后要记得利用电话或是电子邮件表达自己的感谢，也可以写一张感谢卡给对方。感谢的同时要让对方了解你会持续保持联络。后续联系的目的主要是让对方了解你的最新状况并获得最新的信息。如果你真的重视建立关系，就会随时随地找寻机会，而不是在特定时刻或是紧急的时候才想到。重要的是建立长久的互惠关系，而不应是为了特定的目的建立临时关系。

袁军是某财经媒体的主编，已经工作很多年了，自然拥有了财经记者圈，而且在圈里的知名度也非常高，在一些人的印象中，袁军是一个主意多的热心人。于是，他经常被电视台相关节目请去做节目策划。时间久了，在节目策划圈也有了一定的名气，成了电视策划圈的成员。但袁军认为仅仅有这两个关系网显然是不够的，作为一名主编，还要有一个领域对工作有一定帮助，那就是出版社了。袁军和出版界并不是很熟悉，他便分析了自己的优势：熟悉财经领域，能出相关选题；拥有媒体资源，能为图书做市场推广。于是，袁军通过朋友介绍、采访，主动结识了出版界知名人士，并利用自己的优势与他们合作：参与策划图书选题，通过各种途径为图书做推广，还时常写个书评、推荐短文等等。除了业务上的联系，袁军每逢节假日都会邀请几位一起坐坐，或者登门拜访，或者电话联系，或者通过电子邮件进行交流。渐渐地，袁军与朋友们的关系越来越好，找他合作的出版社越来越多，袁军认识的出版圈朋友显然也是越来越多。

人际交往中，要想保持良好的朋友关系，一定要多保持联系，人常说"亲戚在于走动，朋友在于沟通"，很好地说明了保持良好人际关系的秘密。从心理学的角度讲，多加联系就是让朋友更多地了解自己的生活状况，从而拉近朋友之间的心理距离，增进感情。因此，在朋友交往中，要想获得知心的朋友，就要更多地跟朋友保持联系，友情会在不断沟通和交流中变得炽烈。

言真意切结知己

曾经有人说过："忠诚的朋友是无价之宝。"忠诚的朋友可以丰富我们的生活，但要想得到朋友的忠诚，你就要敞开心扉，对朋友坦诚以待，这样才能换来朋友真挚的尊敬。

忠诚的朋友完全承认你的自主权，从不干涉你的所作所为。他只会带给你安全感，这种安全感来自忠诚的友谊。

有这样一则动人的故事：崔明的一个朋友坐了牢，他的这位朋友既不是行凶抢劫犯，又不是强奸杀人犯，更不是纵火犯，只不过是因为经营投资无意中触犯了法律。崔明当时不知道自己的朋友进了监狱，当他打电话到对方的办公室得知此事以后，便在星期六清晨，开车跑了60多公里路去探望他。到那儿以后，由于探监的亲属太多而未能看到朋友。第二个星期六清晨，他又去了一次，可是这次监狱方面要求他办通行证。第三次虽然又遇到别的障碍，但他还是想方设法要见到这位朋友，却没想到他的朋友因为感到羞愧，不愿见他。崔明并没有放弃，还是一如既往地去探视这位朋友，终于有一天朋友答应与他会面了。朋友获释后，两人继续保持着友好关系。当这位朋友谈到自己在监狱的经历时，他只是静静地听着，不提问，不做任何评价。这个朋友与他在一起觉得很安全。

世间再没有可以与古希腊民间传说中的达蒙和皮斯亚斯之间真诚的友情相比的了。当时皮斯亚斯由于反抗君主被判死罪，达蒙用生命作担保，使他能回家料理私事及与家人告别。但是，执行死刑的日子快到了，这时皮斯亚斯还没有回来。君主嘲笑皮斯亚斯的忠诚，说达蒙把友情看得过重，白白为朋友洒热血。君主还说如果达蒙能真正了解人的本性，他会明白现在皮斯亚斯早已逃之夭夭了。执行死刑的那一天，正当达蒙被押上刑场时，皮斯亚斯赶了回来，他十分激动地冲上前去，上气不接下气地解释自己迟到的原因。两个朋友亲切地互相问候，做了最后的告别，场面非常动人。君主被他们的真挚友谊深深感动了，宽恕了皮斯亚斯，并带着羡慕的口吻说："为获得这种友情，我甘愿献出我的王国。"

现实生活中那种愿为自己贡献生命的朋友少之又少，不过人们也不愿让朋友去经受这种考验。友情只要彼此真诚就可以了。

如果你对他人忠诚，那么你就找到了一位忠诚的朋友。然而，不是每个朋友都能成为这种"宝石"。所以，你的手中一定要有一块试金石。

常言道"物以类聚，人以群分"，也就是说什么样的人就和什么样的人在一起，因为他们的价值观相近，所以才聚得起来，即《易经》中所说的"同声相应，同气相求"。所以性情耿直的就和投机取巧的人合不来，喜欢酒色财气的人也绝对不会跟自律甚严的人成为好友。所以观察一个人的交友情况，大概就可以知道这个人的性情了。

没有真诚便没有真正的友谊，如果你希望朋友对自己推心置腹，那么就不要以自己的圆滑和虚伪作为条件，去换取朋友的友情。忘掉传统给你的隔阂，伸出你的双手，你就会结交到真正的朋友。

学会肯定对方的观点

人们在潜意识里都渴望得到别人的肯定，由此及彼，别人也渴望我们的肯定。在肯定别人时一定要注意：一是要真诚不虚伪；二是要对事不对人；三是要注意场合、分寸，不能滥用。

当然，肯定对方并不是指随便地敷衍对方，而是要学会"放低姿态，放下身段"，不仅要学会仔细倾听对方的话，更要学习"忖度他人之心"，理解对方这样说的原因和立场，尽量体谅对方。这样既能学习到对方的优点，也能让对方感到自己被尊重和理解。

任何事物都有两面性，人也不例外，每一个人都有优点和缺点，但如果你只能看到别人的缺点，那么生活就会变成莎士比亚笔下的悲剧，如果你学会了欣赏别人，那么你的生活便会演绎出一部喜剧。

欣赏别人是能让自己前进的基石，一位西班牙学者说："尊重每个人，因为他知道人各有所长，也明白成事不易，学会欣赏别人会让你获益无穷。"欣赏别人的过程其实就是一个学习的过程，可以收获更多自己身上还不具备的优点。

用欣赏的眼光去看身边的人，会让你的内心世界开满鲜花、充满欢乐，其实欣赏别人更是一种气质，一种发现，一种理解，一种智慧，一种境界！

仔细想想，当你苦心思索出的观点与计划被某人三言两语、轻描淡写地否决后，你会不会发自内心地感谢他对你的"逆耳忠言"？有没有哪个人在自己的"错误理论"被你仔细点评一番后对你发出由衷的感叹"您让我看到了自己的不足，谢谢您的教导，您真伟大"？当然没有！实际情况是：没有人愿意受别人批评。正所谓"己所不欲，勿施于人"，批评别人并非行之有效的交流方式。我们都希望自己的观点得到尊重和理解，自己的心声受到关注和倾听，因此那些善于倾听的人最受别人敬重和爱戴。相反，那些以师长自居，总爱纠正别人错误的人则常常遭到反对。

当然，这并不是说坚持原则就是与处世之道不宜——有时你必须坚持真理，虽然会招致反对，但委屈只是暂时的。时间会放大你的人格魅力，人们终会理解并由衷地敬重你，因为真理在理智的天平上最具分量。至于那些气量狭小之人，你根本就无须为他们而烦恼——顽愚的人不值得成为你的朋友。在此要强调的是：要注重交流意见的方法与技巧，就是要学会有效交流，正确表达出自己的思想，在不同的观念中做到左右逢源、游刃有余。

你要使自己受欢迎，给人以和蔼可亲的印象，就要学会运用一种有效而"得民心"的策略——让你的心态允许别人是正确的，也就是充分肯定别人的成绩，大方而真诚地赋予荣誉，对其缺点不可吹毛求疵，应以鼓励的方式激励其改正，总之你要有宽容的胸怀、信任的胆识。

从现在起，当有人说，"我认为……的确很重要"时，你只要欣然地默许就行了。如此一来，就不会再有人对你不满了，你也将会变得可爱起来，人们将感激你对他们的支持，你也将获得更多人的友善。并且，你很快就能和大家融为一体，有机会分享他人的快乐，你会逐渐发现这实在是比那种固执己见而孤军奋战有趣得多。因为，你无须为此放弃自己的原则和思想，你只是不再否认别人的见解而已，因为你学会了与你的伙伴们求同存异的生活艺术，祝贺你！

在交友过程中，千万不要吝惜自己的掌声，要学会肯定朋友、欣赏朋友的价值。作为一个知心朋友，你对朋友的肯定和欣赏，换来的是朋友的信任与尊重，将来朋友必然会成为你的支持者。

自我批评让你更加可亲可敬

自我批评是指在出现问题的情况下，预先对自己进行批评，并且敢于负责，在人际关系学里，这首先就让对方从内心里接受了你的诚恳和真实，从而受到更多的欢迎。

在夏朝的时候，一个背叛的诸侯有扈氏率兵入侵都城，夏禹派他的儿子伯启抵抗，结果伯启打败了。他的部下很不服气，要求继续进攻，但是伯启说："不必了，我的兵比他多，地也比他大，却被他打败了，这一定是我的德行不如他，带兵方法不如他的缘故。从今天起，我一定要努力改正过来才是。"从此以后，伯启每天很早便起床工作，粗茶淡饭，照顾百姓，任用有才干的人，尊敬有品德的人。过了一年，有扈氏知道了，不但不敢再来侵犯，反而自动投降了。

"前事不忘，后事之师""躬自厚而薄责与人"，多少名言警句阐述着同一个道理："人，应该要学会自我批评。"

曹操带兵的军纪十分严明，并且自己也以身作则，带头遵守。

在中原一带，由于多年战乱，老百姓们四处逃散，田地荒芜，曹操就采纳部将的建议，下令让军队的士兵和老百姓实行屯田。很快，荒芜的土地种上了庄稼，收获了大批的粮食。有了粮食，老百姓安居乐业了，军队也有了充足的军粮，为进一步统一全国打下了物质基础。看到这一切，大家都很高兴。

可是，有些士兵不懂得爱护庄稼，常有人在庄稼地里乱跑，踩坏庄稼。曹操知道后很生气，他下了一道极其严厉的命令：全军将士，一律不得践踏庄稼，违令者斩！

将士们都知道曹操一向军令如山，令出必行，令禁必止，决不姑息宽容。所以此令一下，将士们小心谨慎，唯恐犯了军纪。每当将士们操练、行军经过庄稼地旁边的时候，总是小心翼翼地通过。有时，将士们看到路旁有倒伏的庄稼，还会过去把它扶起来。

有一次，曹操率领士兵们去打仗。那时候正好是小麦快成熟的季节。曹操骑在马上，望着一望无际的金黄色的麦浪，心里十分高兴。

正当曹操骑在马上边走边想问题的时候，突然"扑喇喇"的一声，从路旁的草丛里窜出几只野鸡，从曹操的马头上飞过。曹操的马没有防备，被这突如其来的情况吓惊了。它嘶叫着狂奔起来，跑进了附近的麦子地。等到曹操使劲勒住了惊马，地里的麦子已经被踩倒了一大片。

看到眼前的情景，曹操把执法官叫了来，十分认真地对他说："今天，我的马踩坏了麦田，违犯了军纪，请你按照军法给我治罪吧！"

听了曹操的话，执法官犯了难。按照曹操制定的军纪，踩坏了庄稼，是要治死罪的。可是，曹操是主帅，军纪也是他制定的，怎么能治他的罪呢？

想到这，执法官对曹操说："丞相，按照古制'刑不上大夫'，您是不必领罪的。"

"这怎么能行？"曹操说，"如果大夫以上的高官都可以不受法令的约束，那法令还有什么用处？何况这糟蹋了庄稼要治死罪的军令是我下的，如果我自己不执行，怎么能让将士们去执行呢？"

"这……"执法官迟疑了一下，又说："丞相，您的马是受到惊吓才冲入麦田的，并不是您有意违犯军纪，踩坏庄稼的，我看还是免于处罚吧！"

"不！你的理不通。军令就是军令，不能分什么有意无意，如果大家违犯了军纪，都去找一些理由来免于处罚，那军令不就成了一纸空文了吗？军纪人人都得遵守，我怎么能例外呢？"

执法官头上冒出了汗，他想了想又说："丞相，您是全军的主帅，如果按军令从事，那谁来指挥打仗呢？再说，朝廷不能没有丞相，老百姓也不能没有您呐！"

众将官见执法官这样说，也纷纷上前哀求，请曹操不要处罚自己。

曹操见大家求情，沉思了一会说："我是主帅，治死罪是不适宜。不过，不治死罪，也要治活罪，那就用我的头发来代替我的首级吧！"说完他拔出了宝剑，割下了自己的一把头发。

曹操能够做到自我批评，并以削发代替惩罚，这对于一个军事统帅来说是很不容易的。曹操能够做到自我批评，从而稳定了军心，让士兵们更加懂得保护庄稼，同时，又树立了自己言出必行的形象。

一个人如果在漫漫人生路上，一时迷失方向，是不足为奇的。人非圣贤，孰能无过？无论是什么人，都要学会自我批评。学会了自我批评，就犹如在黑暗中把握住了指路明灯，懂得了自我批评，就好像在茫茫大海中找到了高高的灯塔。

18世纪的法国大文学家卢梭，曾经勇敢地宣布："我要把一个人的真实面目，赤裸裸地揭露在世人面前，这个人就是我。"比如，他曾经以沉重的心情，忏悔自己年少时在一次偷盗后，无耻地把罪过嫁祸于无辜的女仆身上，造成女仆的不幸。他没有因为自己年龄小而原谅自己，竟终生以此为戒。

由此可见，学会自我批评，会让人觉得你更加可亲可敬，缩短彼此间的距离。能够做到自我批评的人，是一位很有修养的人，在进行批评自我的同时，人们从心底里就已经原谅了他。

幽默促进彼此感情交流

美国前总统威尔逊曾经与一个小孩有过一件趣事。有一天，威尔逊为了推行新政，在一个广场上举行公开演说。当时广场上聚集了数千人。

突然从听众中扔来一个鸡蛋，正好打在他的脸上。安保人员马上下去搜寻闹事者。结果发现扔鸡蛋的竟然是一个小孩。威尔逊得知之后，先是指示属下放开小孩。后来马上又叫住了小孩，并当众叫助手记录下小孩的名字、家里的电话与地址。

台下听众猜想威尔逊是要处罚这个小孩子，于是开始骚乱起来。这时威尔逊要求会场安静，并对大家说："我的人生哲学是要在对方的错误中去发现我的责任。刚才那位小朋友用鸡蛋打我，这种行为是很不礼貌的。虽然他的行为不对，但是身为总统，我有责任为国家储备人才。那位小朋友从下面那么远的地方，能够将鸡蛋扔得这么准，证明他可能是一个很好的人才，所以我要将他的名字记下来，以便让体育大臣有意栽培他，使其将来能成为我国的棒球选手，为国效力。"威尔逊的这一席话，把台下的听众都说乐了，演说的场面也更加融洽。

用心理学原理解释，幽默是人的思想、常识、智慧和灵感的结晶，它属于人们的情绪心理，是一种最容易感染他人、引起心理共鸣的情感素质。心理学家们认为，除了认识和劳动之外，交际是形成人的个性的重要活动。幽默在某种意义上讲，是人与人交往中的润滑剂，它可以使人们的交际变得更顺利，更自然。所以，在人际交往中懂得幽默定律的人通常懂得适当地给对方一个台阶，化解尴尬，保持彼此间的愉快。

也许有人会说，故事中的威尔逊是小题大做、故弄玄虚。但不管怎么说，他懂得从别人的过错中发掘长处，积极寻找具有建设性的建议，不仅让不愉快的事情随风而逝，而且还将坏事变为好事，帮助自己摆脱尴尬的境地。

有一天，德国诗人歌德在公园散步。在一条只能通过一个人的小路上，歌德遇到了一个曾对他的作品提出过尖锐批评的评论家。这位评论家对歌德高声喊道："我从来不给傻子让路！"结果歌德急中生智，回答了一句："而我则恰恰相反，先生！"说完，满面笑容地让在一旁。歌德的这一应对方式，被传为佳话。他运用幽默来化解僵局，有点中国式的"以柔克刚"的味道。

在有些情境中，纯粹调笑性质的幽默要比随机应变的能力给人带来更多的精神乐趣。这种精神享受是以在场人物的共享为特点的。而在人的安全面临威胁或处境尴尬的时候，纯粹调笑性质的幽默就难以应付了，只有随机应变才能化解。

从前，有个人在市场上买了六只来自异国的麻雀，准备进献给本国的国王。按照这个国家的习俗，"七"才是吉利的数字。如果仅送六只，这个人担心国王会生气，于是就决定抓一只本国的麻雀放在里面，凑够七只后再献给国王。

国王见到这七只麻雀后，果然很高兴。但当他仔细玩赏一番后，突然发现其中有一只本国的麻雀混在其中，立即大怒："这是怎么回事？是不是你故意加进来欺骗我孤陋寡闻的？"那人吓了一跳，但他马上解释道："陛下的眼睛果然厉害，可是陛下不知道，这只本国的麻雀是其他六只异国麻雀的随行翻译啊！"国王一听，虽然他的话有几分荒谬，但见他奉承得体，还是嘉奖了他。

在交往中，善用幽默风趣的人往往能表现出自己良好的风度。幽默风趣的语言风格是人的内在气质在语言运用中的外化，在交际中有很重要的作用，幽默能激起听众的愉悦感，使人轻松、愉快、爽心、情感舒畅。这样可活跃气氛，联络双方感情，在笑声中拉近双方的心理距离。

寓庄于谐是幽默的一个显著特点，通过诙谐的形式表现真理、智慧，于无足轻重之中显现出深刻的意义，在笑声中给人以启迪和教育。

幽默风趣还可使矛盾双方从尴尬的困境中解脱出来，打破僵局，使剑拔弩张的紧张气氛得以缓和平息。

人际关系中，大多数情形是比较平和的，即使存在暂时的矛盾，不到万不得已，人们也不会喜欢将它公开化，激化矛盾是不可取的。

一时冲动作出的决定，极易留下无穷的隐患。而一句幽默的话语往往胜过费尽心机的辩解，能够在某些特殊情况下保持神志清醒，并能够用轻松的话语进行调侃，本身就显示了一个人优雅的人格魅力。

幽默往往是有知识、有修养的表现，是一种高雅的风度。善于幽默者，大多也是知识渊博、辩才杰出、思维敏捷的人。他们非常注意有趣的事物，懂得开玩笑的场合，善于因人、因事而开不同的玩笑，令人耳目一新。善于幽默往往能够提高办事成功的几率。

西方国家的政界领袖和社会名流们，大多很重视自己有无幽默才能。他们认为幽默是智慧、才能、学识和教养的象征，是自我表现、取悦于民的极好方式。总统竞选、当众论辩、演讲致辞、社会交往等活动，必须要充分显示自己的幽默感。一句得体的俏皮话，立刻就会让你和听众之间的距离缩短，获得好感。几句对付难题的机智问答，不但会使自己一下子摆脱困境，还会展现美好的自我形象，获得人们的认可和赞赏。所以，在许多国家不仅总统有幽默顾问，而且社会各界还创办各种新奇的报刊、活动和组织，如幽默杂志、幽默协会、幽默俱乐部、幽默诊所等，人们借此消除疲倦，松弛绷紧的心弦，开展交往活动。

在交往中运用幽默可增进朋友间的感情交流，达到平时达不到的效果，同时也能创造出一种轻松愉快的气氛，所以幽默是融洽朋友关系不可缺少的情绪因素。

第四章　甜蜜爱情的心理博弈术

　　爱情是人世间最美丽的情感，因为有爱，所以有期待的愿望、有幻想的权利，能拥有真正的爱情的人可以说是不枉此生。然而越是太珍贵的东西，越不容易得到。因为男女生理和心理机制都存在着差异，当两个人要恋爱结婚时，难免会产生许多矛盾纷争。因此，要想拥有完美的爱情，就要知道如何攻进对方的心理。

学会欣赏你的爱人

通常来讲，对家人表示由衷的赞美，是维系家庭幸福的不二法门。一个不懂得对家人表示赞赏的人，必然会引起家人的反感，因为他没有对家人付出应有的爱与尊重。

一位婚姻上遭遇失败的女士说："男人之于女人，犹如房间里的火炉，衣服后面连带的帽子，对自己是个安慰，对别人是个交代。否则，冬天别人去你家，问你冷不冷，也许你本来并不觉得冷，但别人一提醒，倒真觉得冷了，觉得必须生炉子。回忆一下，你结婚时，是自己想结婚，还是别人说你应该结婚了，然后，你就结婚了？"

一想，真是这样，二十四五岁时，别人说，老大不小了，结婚吧。恰好身边有个痴痴追求的人，就结婚了，自己根本没想过结婚这回事。

女人接着说："其实，那个火炉并不能给你带来温暖，那衣服后面的帽子也是形同虚设，不能御寒。总之，男人之于女人是有胜于无。"

这是一个对男人彻底绝望的女人心里话。但是，男人能否给女人带来温暖，一方面在于男人，一方面还得看女人。看女人是否拥有一颗易感的心。如果心是冰冻三尺的寒冰，或者根本就是心驰神往于别处，再炽热的火炉，再温暖的帽子，也无济于事。最后的结局往往是火炉熄灭了，帽子冷寂了。那个人走了，你的婚姻失败了。

世界是由男人和女人组成的，没有无缘无故的爱，也没有无缘无故的恨，相聚是缘分，相恋是情分，而相守一生是情和缘组合体的结果，学会欣赏你的爱人，才能得到比爱更多的幸福。所谓的婚姻和爱，只有懂得欣赏别人，才能懂得它们的真谛。

一对年轻人在公共汽车上恣意地说说笑笑，让全车的人为之"侧目"，不是因为他们的大声喧哗，而是因为他们是一对特殊的恋人：男的英俊潇洒，女的似乎经历过一场无情的大火，那张脸可以让人很自然地联想到火中的挣扎与无奈，以及那种被灼烧的惨痛。那女的很快乐地唱着歌，她的嗓音很好，男的很用心地倾听，沉浸在她动听的歌声里，对全车人的侧目全不在意。

无疑这个男人就懂得欣赏他的爱人，这于他们之间的真爱得以维系是多么的至关重要。试想，自女孩遭遇不幸之后，他们一同面对了人世间的多少风雨，可能没有人能确切地说得清，更是旁人所无法体会到的。也许她曾悲观绝望，也许她曾劝他离开，可如今她却能如此坦然地与他面对，与世俗面对。如果他没有学会欣赏他的爱人，而是为他爱人的丑陋容貌感到羞耻，那他能在各种异样的目光中泰然自若吗？

在如今这个恋爱自由、婚姻自由的年代里，人们在选择爱人时有了更大的自主空间，选择自己所爱而又爱自己的人，终究是一种幸福。但当今社会的浮华与虚荣也织就了一张网，比如金钱、美貌、职业、家庭等等。于是一些人困惑得不知道自己追求的是什么，需要的是什么，在曾经的所爱与现今的虚荣难以兼得的两难选择中，他们往往会选择后者。

你是否真正学会欣赏你爱着、爱过和将要去爱的人，爱不是你俩携手出门时他人羡慕的目光，不是一块你可以踩着它就能往上爬以摘取功名利禄的垫脚石，也不是朝朝暮暮卿卿我我的浪漫。爱就是两人心灵相通、悲欢与共的默契与扶携；它是执子之手、与子偕老的情怀；它是一日三餐柴米油盐酱醋茶的平淡朴素；它也像鞋一样，是否华美、尊贵，那是别人看的，是否舒服，却只有你自己才能体会得到。

懂得并学会欣赏你的爱人，你才能在世俗的各种目光中自在穿行，才能用心品味属于自己的那份幸福。

要表现出很崇拜你的爱人

女人对男人的崇拜，可以激发男人的力量和勇气，特别是男人在朋友面前吹嘘自己的时候。一定别忘了脸上应流露出崇拜的神情，即使他说的话题很令人反感，很不入耳，此时最主要的是给足男人面子。

男人总是将女人的崇拜和爱情连在一起。女人的崇拜，能够激发出男人的爱火和欲火。满足男人的英雄感，无论男人得意或失意时，男人都需要一个女人矢志不渝地称赞他。男人最无法容忍的是自己的女人不再崇拜他或自己的女人崇拜别的男人。

事业成功的男人在外面收获了尊严，但他心里非常清楚，来自外界的赞扬都带有伪装，本质上有目的性，只有在妻子面前，得到的尊重才是最真实、最可信、最朴实的。所以，男人的心里非常渴望妻子的崇拜，但由于男人又非常要面子，不好意思说出口。所以，当妻子面对丈夫的挑剔和指责的时候，多包容他、理解他，把这种挑剔当作是一种信任，甚至可以当成想在自己面前撒娇。

即使是事业失败的男人，也希望得到女人的崇拜，希望女人给他足够的信赖和欣赏，只有如此，他才不会对自己完全否定，他才会重新树立信心，走向成功的彼岸。要知道，女人的言行会在很大程度上影响男人的锐气和信心。那种一味地贬低男人尤其是自己丈夫的女人，其实并不会得到什么好处，除了会造成夫妻关系紧张之外，甚至还有可能导致丈夫的消沉、自暴自弃，那更是家庭的灾难。

其实男人都需要女人的崇拜，特别是他心爱女人的崇拜。无论他在事业上成与败，无论他英俊潇洒还是其貌不扬，女人都要尊重他、推崇他、敬仰他，用无比崇拜的眼光仰视他，用热烈的话语尽情赞美他。如此，他又怎么忍心破坏在你心中的高大形象呢？他会激动地告诉你，他将一生一世保护你。

在家庭生活中，男人希望得到妻子的崇拜，在这种崇拜下，男人自尊心会得到极大的满足，这是世上任何东西都比不上的。得到心爱女人的崇拜，会让一个男人更加自信，更加精神焕发，更加努力奋斗。反过来也会给女人带来意想不到的回报。爱情和婚姻，会在这个过程中得到升华。

某情感专家曾提出过这样一个新的观点：在婚姻中，如果女人能保持对丈夫的一份崇拜之情，那么，她的婚姻会更加圆满，老公会更加成功，而她也会更加幸福。

女人对于喜爱的男人，会不由自主产生崇拜之情，进而信任他、依赖他。作为女人，她们需要被保护、被宠爱、被珍惜。男人的保护会给女人带来安全感，接到男人的礼物或好意会让女人发现自身的魅力。所以，为了更美好的婚姻关系，女人需要学会崇拜男人。

当女人不去有意攻击男人的弱点时，男人就会放弃对你的戒备，这使得他很有可能和你分享他内心深处的想法。他会告诉你他要留给孩子什么样的财富，他想象中的你们老了的样子，或者在他孩童时代是怎么丢失了心爱的小狗。夫妻之间的亲密，就是这样一点一滴建立起来的。因此，适当地崇拜一下你的爱人，完全是合情合理并且是必需的。

假装酸溜溜地吃他一回醋

女人吃醋，会显得更加柔媚，男人们会从女人们的醋味里感受到从来没有过的甜蜜。

如今社会，女人有了展开翅膀飞翔的天空，男人不再是女人的整个世界。有时候男人会觉得被冷落，男人还是希望女人生活的重心仍是他。偶尔，女人假装酸溜溜地吃他一回醋，未免不是件好事。

一个女人如果爱她的男人，就会事事处处关注男人的一切，包括男人的身体、情绪、爱好以及身边的女人。当看到自己的男人和别的女人在言语上过于亲密，或者在行为上有一些偏差的时候，就会自然而然地产生一种条件反射，这种条件反射其实是一种对爱情和家庭的保护，因为任何一个女人都不会希望自己的男人有移情别恋的行为，都希望男人的心里只有她一个。所以说，一个女人吃这样的醋是应该的、正常的，是合乎情理的。假如一个女人对男人无论怎样的灯红酒绿都不再过问，漠然不理，这也算是男人的悲哀，那其实也证明女人不再爱这个男人了，没有丝毫醋劲的女人陪着，也就意味着在生活中没有爱他的女人。

适当地吃醋会让你所爱的人更加强烈地感受到你对他的爱，让他感受到你对他的强烈在乎与看重。但一个吃醋过多的女人往往会丢掉女人味，让男人的感觉会由甜蜜转化为反感，反而会扼杀他们之间的爱情，阻碍男人的事业，甚至断绝男人的前程。

所以说，尽管吃醋是女人的本能，但是女人也不能对事情过于敏感。任何事情都是有其双重性的，一旦过度，就会产生适得其反的效果。在竞争日益激烈的今天，谁都避免不了与周围的男人、女人打交道，处理复杂的人际关系。当丈夫身边出现一位漂亮能干的女同事，如果对其疑神疑鬼，认定两者之间有不可告人的秘密，那只能破坏本来和谐的夫妻关系。其实，仔细想一想，许多令人痛心的恶果都是女人自己在不经意间种下的。

爱情是甜蜜的酒，不是令人生厌的"醋"。以"醋"当酒，这样爱的结果必然会失去真的爱。女人要会吃醋，而且要吃得有水平，这样不仅不会影响夫妻之间的感情，反而还会加深彼此的爱意。

真正会吃醋的女人是懂得把握爱的尺度的女人。切忌在没有弄清楚事情的来龙去脉之前就胡乱吃醋，对男人进行无端的猜疑、挑毛病、翻陈年老账、曲解对方的意思，使得原本关系良好的夫妻在不知不觉中变得疏远。

夫妻之间也要适当保留隐私

生活中所有的一切都不是透明的。天不是透明的，水不是透明的，作为自然界最高级的生物，人也不例外。夫妻之间原本可以无话不说，但如果事事都很透明则大可不必。生活中谁没有一些属于自己的小秘密呢？它的存在不会影响到夫妻之间的感情，如果把它坦诚地说出来有时会让对方会有一种"对方对自己不忠，对婚姻不忠"的错觉。

一般来讲，夫妻之间要适当保留自己的隐私。在夫妻之间永远都隔离着一张纸，这样夫妻之间会有一种朦胧新鲜的感觉，才更会增加夫妻之间的感情，感觉对方对自己是那么的信任和尊重。如果夫妻之间捅破了那张纸，个人的性格和脾气完全暴露在对方的视线之下，这样就很容易因为生活中的一些小事而发生冲突，没有了隐私，也就没有了相互的信任，反而因为误会而产生矛盾，甚至破坏了家庭的安定团结，最后走向解体的边缘。

吕伟在某大学读书时与同学白奇产生了爱情。毕业后，终因两地分居，白奇割断了他们的爱情线。吕伟为此曾大病了一场。几年以后，年过30的吕伟经亲友介绍认识了谢玲，匆匆地举行了婚礼，于是，那段大学的恋情成了吕伟的"情感隐私"，被埋在了心底。

但就在他们新婚的第二天，当吕伟准备陪同谢玲回娘家之时，邮递员送来了一封信。信是吕伟的一个同学写来的。她告诉吕伟："最近我见到了白奇，她现在醒悟到距离对于爱情来说是多么微不足道。两年多来，她一直思念着你，她发现，你在她心中的地位，是谁也不能取代的。这几天她要出差到你所在的城市，可能会直接去找你，希望你们能和好如初……"

顿时，吕伟的眼睛模糊了，眼前的谢玲恍惚变成了白奇。他找了个借口，让谢玲独自回了娘家，全然不顾此举会给自己的婚姻带来怎样的后果。这天，谢玲提前从娘家回来，发现丈夫酩酊大醉地倒在床上，枕边搁着一封信。看了信，她无声地哭了。去谴责吕伟，和他大闹一场？若替吕伟设身处地地想一想，她能理解他的懊悔和痛苦，如果当初他锲而不舍地追求，何至于造成今天的痛楚？而现在，吕伟既负有对这个新家庭不可推卸的义务和责任，又对远方的白奇怀有旧情。那么，她该诅咒白奇吗？白奇可并不知道吕伟的近况呀，作为女人，谢玲更能体谅白奇的苦衷。于是，谢玲把信放回原处，替丈夫盖好被子，默默地在他身边坐了好久好久……

知道了丈夫的"情感隐私"后，谢玲更加温柔体贴，关心吕伟，从不当面揭穿吕伟的"秘密"。几天后，当谢玲上完班回家不久，白奇就上门来了，谢玲热情地接待了她，备好了一桌丰盛的晚餐招待白奇。饭后，她又借口要去加班离开了家，好让这对旧日恋人有机会好好谈谈。

望着妻子疲倦的面容，吕伟的心深深地感动了，他明白妻子的一片心意。白奇的内心也感动了，她真诚而又感慨地对吕伟说："你有一个多好的妻子呀，你应该知足了，我也不想再来打扰你们了！"

大多数人都会有自己不为人知的秘密与情感。面对他人的隐私，知情人理智的做法就是保密与尊重。谢玲尊重丈夫的"情感隐私"，不但没使他们的夫妻感情破裂，反而使吕伟进一步了解了她，萌发了对她真正的爱。这件事，沟通了他们的相互理解的心灵，使他们的感情得到进一步升华。

有一位中年男子曾说，他的婚姻中有一段永远的痛。他说："十多年前，我从郑州坐火车到深圳，一位妙龄女子正好坐在我身边。因为旅途较闷，我们不知不觉地交谈了起来。后来我回到东莞后，她也不时打电话给我，我们一直以兄妹相称，我也真把她当成了我的小妹妹。于是我们就这样交往着，既不是一般朋友，也没有超越朋友的界线。我们从来不敢越雷池半步。但在一天晚上，妻子对我说，她读大学时有许多人追求她，而她还是觉得我最好。我被妻子的真诚所感动，又因为心中对妻有歉意，便忍不住将我和那女孩交往的事情告诉了妻子。哪知，妻子听后脸色大变，当晚，就要求我一定要约那女孩出来见面。而我也自认我与她没什么见不得人的事情，于是便把她叫了出来。当晚的情形甭提有多尴尬，那女孩泪水纷飞，委屈至极，她不知我已经结婚，也不知出了什么事。而我的妻子更是咆如雷电，要生要死地非要和我离婚。这时，我才知道有时坦诚换来的并不一定有好的结果，但此时为时已晚。后来，好不容易劝住了妻子，我亦信守诺言，不再与那个女孩联系……可这件事却成为我一生的把柄，任妻子随时拿出来鞭打我的灵魂，让婚姻留下了永远的痛……"

由此可见，夫妻间的隐私，如果是善意的，可以保留，别让这种隐私变成刺，不但刺伤自己还会刺伤心爱的人。

距离是爱情最好的保鲜剂

距离产生美，夫妻之间又何尝不是这样呢？适当保持点距离，让大家不要靠得太近，这样对彼此都是一件利大于弊的事，何乐而不为呢？

但这个距离可要把握好火候，火大了就烫到了，火小了就没有任何的效果。把握好彼此之间的距离，对于双方的感情都是一个促进。

列夫·托尔斯泰曾经说过："过分了解或者过分不了解，同样妨碍彼此的接近。"这句话用在爱情上非常合适。

美是依靠距离来塑造的。"一日不见，如隔三秋"，时间的距离会培育美的感觉。"小别胜新婚"说明适当的距离会使夫妻间感情更加美好，爱情更加的牢固，也会留下美好的想念。

社会中，凡是建立美好人际关系的人，都不得不处理好美与距离的矛盾：太近的距离，容易彼此厌倦，太遥远，容易彼此疏忘，其关键就在于把握好距离与美之间的矛盾。

爱情是否就需要朝夕相守、亲密无间？这是一个仁者见仁、智者见智的问题，不过，现实中很多人确实有这样一种感觉，"入芝兰之室，久而不闻其香"，人世间再美好的事物，习以为常了，不但不觉得美好，有时反而会生出厌倦和反感来。

有一句话是这样说的："在恋爱中的人看不清彼此的相貌。"年轻人在热恋之中，会被对方强烈地吸引，哪怕是一个小小的动作也能激发对方超常的激情，她说过的每一句话、每一次微笑、每一个眼神，甚至走过的每一条小路似乎都与她有着千丝万缕的联系，使得痴迷的你有着如梦如幻的情意缠绵和无限的畅想。当他（你）们遥遥相望时，一切的一切都那么的美好，那么的令人陶醉。

可是，当激情过后，两个人真正彼此走近，这种美好就会一天天一点点离他们远去，最后竟不知去了哪里。是人们之间没有爱了吗？

其实，爱本身没有变，变的只是一个人的心情。在恋人之间，留出一点"情感空间"，允许对方在心灵的深处，有一片属于自己的领地，你和他的爱才会地久天长。

每个人都需要一个属于自己的小小空间，使自己自由地思想，自在地呼吸。热恋时的亲密无间虽然会带来激情，但激情过后却往往是疲倦，是难耐的窒息。久而久之，浪漫逐渐被现实所替代，无怪乎很多人都说真正的爱情只能够维持18个月，这并不是人类本性的背叛，实在是我们每一个人都需要一个自由自在的空间来无拘无束地释放自己。

距离产生美。爱人如此，朋友如此，其他人际关系也如此。所以恋人之间互相尊重，保持一定距离，乃至故意营造一点朦胧色彩，显然是有必要的。即使是最亲近的人之间，也需要适当地保持一段距离。

爱情的距离其实并不一定是物理上的距离，更多的是心理上的距离。保持心理距离就是让双方保持各自个性上的闪光点。让双方各自保留心中的一块自由活动绿地，不要时时刻刻亲密无间一览无余，而要让对方有独立的人格、独特的个性和适度自由的生活圈。

有位哲人说过，很多事物之所以美丽，是因为我们与之存在着适当的距离。比如，去动物园看老虎，如果贴得太近、太亲密了，就会很恐怖、很危险，老虎的爪子可能会抓伤你，如果后退几步，隔着笼子再看老虎，你就不会那么害怕，而是感到老虎是那么的威武雄壮、色彩斑斓、富有阳刚之气。再如，在高山上观赏风光，你会发出"江山如此多娇"的慨叹和赞美，而一旦靠得太近，你就会一叶障目、不见天日了。

爱情需要热情，更要理智

俗话说："情人眼里出西施。"为什么情人眼里会出西施？仔细分析后就会发现原因其实很简单，身处热恋中的男女被爱情冲昏了头脑，甚至有些情侣在互相并不了解的情况下，仅凭第一印象就与对方坠入爱河。没有理智作基础的爱情，在热情逐渐冷却之后就会发现，原来彼此还存在很多的差异。

如今社会里，闪婚闪离的现象也层出不穷。而仔细剖析这种现象的成因就会发现，之所以会出现这种现象是因为当我们真正与自己心仪的对象在一起，却发现他们并没有想象中的完美时，心里就产生偏差，继而就会同对象产生矛盾，最后导致分手。

一个青年与一个女孩相亲，两人可以说是一见钟情，他们互相都感觉对方就是自己寻觅已久的另一半。结果在相识三天后就举办了订婚仪式。

订婚后的第二天，女孩便随着青年去了他打工的城市，开始同居生活，一个月后，女孩就怀孕了，又过了一个月，他们举行了婚礼。

但是，两个月后，他们离婚了。他们婚后的生活与浪漫之恋大相径庭。酸甜苦辣四味俱全，恋爱时两人的生活打理基本上都是父母的事，而婚后生活中的大小事都需亲自打理，这让他们的矛盾自然多起来。

女孩一直没有固定的工作，结婚后更是不想工作，干什么活都怕累、怕脏，恋爱时的激情能够弥合这些小争执。结婚以后，女孩并没有急着出去找工作，而是待在家里，不是打游戏就是找朋友出去玩。他们俩从来不自己做饭，结婚前，都是父母包办，结婚后他俩天天买外卖吃。青年下班的路上又累又困，一想到辛苦赚钱是为了她，而她从来就没让他吃上热汤热饭，天天吃外卖，心里就堵得慌，终于作出了与女方分手的决定。

我们要知道，对待爱情的态度，除了要在开始恋爱之时加深彼此之间的互相了解，更要在确定恋爱关系之后不断地发现对方身上的闪光点。如果发现你一直深爱的对方，其实根本不适合自己，相信无论是你还是他(她)都会有很大的失落感。

　　情侣或夫妻之间相处久了，难免会产生厌倦的心理，觉得自己的伴侣一无是处，甚至对其讨厌至极，总是觉得别人的伴侣看起来更顺眼。

　　丈夫与妻子朝夕相处，耳鬓厮磨，时间一久，新鲜感就可能会渐渐消失，于是对别的女人充满了新鲜和好奇。因为有距离，好比雾里看花，朦朦胧胧，似清非清。

　　此外，欣赏的角度不同，也能导致这种心理。丈夫欣赏自己的妻子和欣赏别的女人所站的角度是完全不同的。看妻子是站在丈夫的角度，希望自己的妻子完美无缺，胜人一筹，要"出得厅堂，下得厨房"。看别的女人则大多是从朋友、同事的角度去观察，其心理要求是不一样的，当看到别的女人温柔体贴、楚楚动人时，当然更感觉自己妻子缺乏风度，于是感到妻子不尽如人意。如果想要在自己的恋人身上重新找到感觉，其实很简单，多欣赏自己的妻子，看见妻子的长处，那么你的生活就会更幸福。

　　热情往往是一时情绪冲动，热情过后，就要理智地对自己的行为负责，从而给自己的人生涂上一抹亮色。只有认真对待感情，理智而不盲目，婚姻生活才能幸福长久。

不要触及男人的心理禁区

在日常的生活当中，多数人认为夫妻之间应该是无话不谈、百无禁忌的，其实这种想法很危险，它很有可能伤害到你们夫妻之间的感情，甚至成为这段亲密关系破裂的隐形杀手！事实上，夫妻关系也属于人际交往的一种形式，夫妻二人属于不同的交际个体，对丈夫来说，妻子就是另一个交际个体，妻子如果在谈话中触及了丈夫的软肋，就会导致夫妻关系的紧张。

在与男人的相处过程中，有几根神经是不能"碰"的，一些你认为是"为他好"的话，却很可能使男人的自尊心受到极大的创伤。

首先，在相处过程中，不要"教"男人怎样做，因为这会让他感觉到你在指挥他。尽管你是出于好心，与他交流一些职场上的升职和处理人际关系的方法或心得，但是要知道男人的自尊心是很强的，他可能会以为你在怀疑他心智的成熟度或者是轻视他今天取得的成就。在男人眼中，让一个自己以外的人来教他怎样工作、怎样举止有礼，那简直是对自己能力的极端不信任，严重的话，他有可能引申到你对于他现状的不满。其实你的真实想法可能只是想与他交流一下处世方法，看看哪种更能见效，更能为他的前程添砖加瓦。

一般来讲，女人在跟老公提及一些问题时，最好不要用丈夫作为话题的中心，不让男人站在问题的中心区域，以便留给男人对这个问题进行理智分析的空间。

小菊因为工作的原因，需要经常和一些男性客户打交道，每次碰到不同类型的客户，小菊都会在回家后告诉自己的老公：这次的客户多么帅，上次的客户多大方……刚开始小菊的老公还能勉强接受，但是时间久了，小菊的老公就很郁闷。每当小菊一提到自己的客户，老公就去干别的事情，小菊对此很是奇怪。

在男人与女人的交往过程中，大部分人会认为女人很容易缺乏安全感，其实男人也具有相似的心理。大多数男人都是争强好胜的，女人总是在男人耳边说别的男人怎么样，可能说话的你并没有什么特殊的用意，但是男人此时的心理就要复杂多了。他可能会以为你对他有什么不满意的地方。在你提到这些异性的时候，你丝毫感觉不到他们的不快，但事实上，他们是相当在乎的。

所以，为了夫妻间的关系和睦，作为妻子最好还是不要随便提及其他异性，即使有时不得不提到，不妨直接说出对方的优点，客观实际一些，这才是一种比较好的方法。

其次，最好不要干涉丈夫的爱好和品位。丈夫喜欢穿着样式幼稚的球衣在球场上踢球，这可能是你无法忍受的爱好。有时候，你面对着一大堆好像刚从土堆中挖出来的脏衣服时感到怒发冲冠，但这却是他最引以为傲的特长！

最后，在平常的交往活动中，不要评论丈夫的家人以及朋友。即便他的家人或朋友很没有礼貌、举止很不得体，你也要装作没有注意到，不要轻易评论，如果你妄加评论，就会让他感觉你在意他的背景。在这种情况下，你最好睁一只眼闭一只眼，但如果确实影响了你们的正常生活，你可以跟他好好谈一谈，相信他会想办法解决的。

虽然在生活中，男人总有着诸多的谈话禁区。但并不意味着你就不能抒发一下自己的不满。不妨换一个角度、换一种说法，把他当作另外一个交际对象，采取合理的说话技巧，那么夫妻之间的交际就会变得顺畅很多，夫妻生活也会因此变得更加甜蜜。

第五章　玩转职场的心理博弈术

职场如同战场，竞争残酷而激烈。怎样在职场中立于不败之地，怎样在公司中创下丰厚业绩，怎样获得上司青睐并获得晋升资格……所有这些，是每个职场人士都非常关注的问题。要想在职场上游刃有余，仅靠个人工作成绩的优劣还远远不够，在注重个人内外兼修的同时，还应该善于经营人际关系，洞察他人心理，方能坐拥成功。

让荣耀的光环照耀在他人头上

什瓦普曾经说："只有那些能把机会让给他人的人才能称得上是伟大的商人。有很多商人因为只顾着个人的利益和荣耀，所以不能建立伟大的事业。"

事实上，真正的领袖未必要时时追名逐利。他应该尽可能地让其他人也有赢得名利的机会。至少他应与别人共享这种名利，这就是他赢得部下的支持与拥戴的最好的办法。

工作中，这种策略是很常见的，可人们往往忽略了它！还有一些人因为不能抗拒名利的诱惑而牺牲手下的利益。

圣路易斯城的执行官威尔金森，就提出过这种明显的例证。他对斯图尔特说："现在，我想起了以前的一位执行官，他总能在开理事会时提出一些新意见。对这些意见，他十分自负，还会为了我能采纳这些意见而不懈地努力奋斗。因为这些意见多数都很中肯实用，所以，我们也采用了许多。他便因此到处制造舆论，好像所有的功劳都是他自己的。"

"可是，随后我就发现，其实这些意见几乎都是他从下属那儿得来的，而他从未给他的下属表示过什么。在知道事实的真相后，下属们也感到十分愤怒。原来，他管辖的部门的纪律很好，就是因为这件事，那个部门被弄得一团糟。"

"相反，如果这个执行官对我们说：'昨天，比尔·琼斯提出了一个建议，我觉得特别好。现在，我就向大家汇报一下，请大会审议。我的下属能为公司发展提出这么好的建议，我为此而感到骄傲，能有这样的下属是我的莫大荣幸。'这样就能做到皆大欢喜。"

故事中的那位执行官过于"自我膨胀"，从而导致了自己的失败。有些人建立了十分严密的组织，最终取得了成功。无论他担任何职，我们都能看到与那位执行官大不相同的结果。

米切尔是《生命》周刊的创立人和发行人。一次，马森讲起他时说："米切尔这个人根本没有虚荣心。他的鼓励让公司上下都能感觉到自身的重要性，而他总是在幕后指挥着一切。后来，在米切尔去世之后，公司上下都以为这家刊物能继续办下去。在他在世时，人们都没有感觉到，实际上，是他一人独立支撑刊物的运作的。"

事实上，一名真正的领导者不但要敬重他的部下，而且当自己的部下犯了错误时，还应该主动替部下承受谴责。

南北战争时联邦统帅李将军，在所有军事将领中是世人公认的佼佼者。也许，没有人更能像他一样感化自己的部下，使之对自己忠诚不渝。军事批评家们认为，李将军有一种特殊的品格，即他敢于公开地将所有失败都揽到自己身上，这就是他的部下对他如此忠诚的主要原因。

但是，正像英国的一位名将说的那样，任何人也没有像李将军那样有可以推罪他人的好机会。比如，在维吉利的早期战争中，他的部将不能按照他的命令在适当的时机发起进攻，以致失去了取胜的良机。但李将军总是绝口不提此事，他在写给总统戴维斯的信中说："如果当时没有下雨，我想我们一定会取胜。"可是，他却在私下里承受着公众狂风疾雨一样的责难。

在贝尔伦的第二次世界大战中，朗斯特利德违背了李将军要求他进攻的命令，拖延了一整天，胜利就在眼前白白地溜走了。可是，李将军居然在整整一天里都没有训斥过他。

在盖茨堡时，朗斯特利德又违背了李将军的命令，两次都不肯发动进攻，使得战役失败。可李将军却对自己的部下和总统戴维斯说："都是我的错，我应当承担所有失败的责任，军队没有错，我个人的错误不可原谅。"

后来，打败李将军的格兰特也是用这一策略来对待他的部下的。事实证明，没有比这种策略更高明、更有效的了。他的部下道奇记载道："他让旁人去享受自己应得的尊崇和名望。所有在他手下任职的人都知道这一点。当我还很年轻时，他就交给我许多比我的资历多得多的权力。格兰特将军总是为我所做的或正在努力做的事而鼓励我。如果我失败了，他就将罪过揽在自己身上；如果我胜利了，他就想办法让我升职。他像注意军士们的动作一样，时刻关注军队的士气，如果士气消沉，他就及时采取措施，好像他能让全国人都关注军队的士气一样。"

作为一名领导，对部下抱有一定的希望是必要的。当他领导下属时，他像一名宽容的长辈一样护着他们，保护他们不受委屈。无论是什么性质的事情，他都能担起所有的责任。在他眼里，他们就是他"正在成长的孩子"。

他把荣耀推给他人，也就是这样，他为自己赢得了荣耀。他牺牲了自己的虚荣心，所以，人们对他万分忠诚。

在讲起格兰特时，卡内基说："在战场上，他永远以颂扬自己的部下为乐事。每当提起自己的手下时，他就像一名父亲提起自己的孩子一样兴奋。"

从否定到肯定能使你赢得人心

海·约翰斯·哈蒙特，被称为世界上最伟大的矿务工程师。他寻找第一份工作的情形是怎样的呢？

他毕业于耶鲁大学，曾在德国弗莱堡做过三年的研究工作，现在，他要找工作了。他想去找美国西部的大矿主威廉·仑道夫·赫斯特的父亲、参议员琼斯特。不过，哈蒙特只是运用了一个小小的策略，就找到了他想要的工作。

据哈蒙特说，那位参议员十分顽固，是个很现实的人，他从来都不信任那些长得十分斯文，只能一味地讲理论的矿务工程师。所以，他粗暴地对哈蒙特说："我之所以不满意你，就是因为你曾在弗莱堡研习过一段时间，你的脑子里肯定充满了一堆理论。我可不需要什么文质彬彬的工程师。"

哈蒙特立刻接着说："我想跟您说个事儿，当然，这不能告诉我爸爸。"参议员点了点头。哈蒙特说："其实，在德国，我没学什么东西。"

于是，这位参议员马上就和他约定："那好，你明天就过来工作吧！"

在一个固执的人面前，哈蒙特怎么就能非常轻松地达到自己的目的呢？事实上，他运用了一个非常普通的策略，被很多商界人士称之为"小让步"的策略。

倾听对方意见，即便自己不能同意此意见，但仍很尊重对方的态度。这是应付一些意外的反对意见的最好办法。可在某些情况下，我们还需要更进一步：要先作点让步，才能控制那些反对意见，即"退一步海阔天空"。

一般聪明人在面对反对意见时，总能尽可能地作出让步。每当发生争执时，他们常常会想到：如果在这方面做些让步，于整件事情是否有损呢？

通常情况下，他人会与别人争执那些他们以为对别人非常重要的问题，就像那位参议员对哈蒙特的偏见一样。发生这种事情时，人只是想让他人尊重他，使他的"自尊心"得到充分满足罢了。

欧文电气总公司的董事会主席欧文·扬，听说他下属的一名年轻职员对他十分不满，因为他以前曾经十分成功地完成过一件工作，但他感觉自己并没有因此而得到更多的信任。他认为欧文独占了所有的荣誉。欧文的助理凯斯，告诉了大家欧文是怎样处理这件事情的。欧文只是简单地退让了一步，他写信给那位年轻人，说："年轻的人们总会觉得他人根本不能全部认同自己的工作。可是，随着我们渐渐的成熟，我们会感觉到，其实，是他人过分地信任了我们。"

李·艾维是美国著名的顾问，他是一位很有见地的人。查尔斯·什瓦普、石油大王洛克菲勒以及其他许多声名显赫的大人物或公司，经常向他咨询一些重要的决策。有一次，他非常妥善地处理了一件十分棘手的事情。

当时，李·艾维正在英国，他想邀请著名的阿斯特夫人参加位于纽约派克路的阿斯特利亚宾馆的奠基典礼。

阿斯特夫人说："十分抱歉，你只是想替那家宾馆做广告才邀请我的，我不能去。"

接下来，李·艾维的回答让她很是吃惊："没错。"

但他又说："可是，难道你就没有收获吗？借此机会，你可以接近更多的群众。"于是，他给她详细地介绍了这个典礼，说将会通过收音机向全国广播。而且，他保证只要她到场，她无须发表任何演说。之后，他又再三表达了他们的诚意。结果，这些话让阿斯特愉快地应邀参加典礼。

从中，我们可以很容易地看出，李·艾维的方法之所以能产生作用，就在于他从一开始就坦白承认了阿斯特夫人拒绝邀请的理由，在这一点上，他作出了让步，随后又迎合她的意愿，最终成功地邀请到了阿斯特夫人。

总而言之，无论何时，只要可以做到，面对反对意见的最佳方法就是：同意对方的意见。在小处让步，我们就能争取大局上的胜利，有时还须暂时完全收回自己的意见。

恩威并施让下属心悦诚服

让自己的下属对自己心悦诚服，关键在于领导者必须认识到自己与下属只有职位上的差异，而人格却是完全平等的。在下属面前，领导只不过是"领头人"而已，绝不能过于张扬和得意。当然，这并不是说上下之间必须完全平等，管理时对下属还是应该恩威并用，让下属心服口服，这样才能进一步得到下属的爱戴和拥护。

（1）刚柔并济，恩威并重。

领导要想实现自己的意图，就必须与下属取得有效的沟通，而富有人情味就是有效沟通的最好桥梁，它有助于双方找到共同点，并强化心理上的共同认识。所谓的人情味的沟通就是要求领导善待下属，不能一味治之以严，一定要恩威并施，只有这样，才能让下属心悦诚服地拥戴他。

在一个寒风凛冽的夜晚，美国纽约一条不是很繁华的道路上，几乎已经没有车辆行驶。这时，从街中心的地下管道洞内钻出一位衣着笔挺的人来。路旁的一个行人十分狐疑，上前看个究竟，一看却怔住了，他认出这个钻出洞的人，竟是大名鼎鼎的福拉多！

原来福拉多是因为地下管道内有两名接线工在紧急施工而特意下去表示慰问的。福拉多还被称作"一万人的好友"。他与他的同事、下属、顾问，乃至竞争对手都保持着良好的关系，这位富有"人情味"的企业巨子，事业如日中天。

作为一名行政主管，要令出必行，指挥若定，就必须保持一定的威严。其实，这个道理很简单，在领导与管理工作时，不能令下属感到一种威慑力是很难有效果的。仅仅凭借着有一张和蔼的脸，一番美丽动听的言辞，所起的推动作用是非常有限的。

（2）威严始终是领导者的一种气质。

当然上下级间有效的沟通不能只靠威严。如果有威而无恩，很容易在下属心中形成恐惧的心理，认为领导没有人情味，只知道一味地吸取他们的血汗。这样的结果，下属虽然可能工作极其认真，但心却很可能早就不属于公司，与领导离心离德了。领导要赢得下属的拥戴，一定要刚柔并济，恩威并施。

有一个王子满18岁那天，收到国王赏赐的礼物：一辆灵便的马车，两匹俊美的小马。王子非常喜欢这两匹俊美的小马，上前抚摸了，拥抱了，甚至亲吻了，然后问："这两匹马叫什么名字？"

国王说："它们一个叫天使，一个叫魔鬼。"

王子笑了，这多么有趣！他上了车，亲手扬起鞭子。

第二年，王子19岁，他从郊外驾车回来，心中一动。

"我的马，为什么一个叫天使，一个叫魔鬼？"

慈祥的国王柔声回答："孩子，你将来要做国王，你需要天使为你服务，也需要魔鬼为你服务。"

人性兼具善恶，有时人们为了追求至善，也需要有与魔鬼打交道的手段。这种手段就是威严。

（3）上司要赢得下属的心悦诚服，一定要恩威并施。

所谓恩，不外乎亲切的话语及优厚的待遇，尤其是话语。要记得卜属的姓名，每天早上打招呼时，如果亲切地呼唤出下属的名字再加上一个微笑，这名下属当天的工作效率一定会大大提高，他会感到，上司是记得我的，我得好好干！对待下属，还要关心他们的生活，聆听他们的忧虑，他们的起居饮食都要考虑周全。

所谓威，就是必须有命令与批评，一定要令行禁止。不能始终客客气气，为了维护自己平和谦虚的印象而不好意思直斥其非。必须拿出做上司的威严来，让下属知道你的判断是正确的，必须不折不扣地执行。

上司的威严还在于对下属布置工作，交代任务。一方面要敢于放手让下属去做，不要自己包打天下；另一方面在交代任务时，要明确要求，什么时间完成，达到什么标准。布置了以后，还必须检查下属完成的情况。

只有恩威并施，才能驾驭好下属，发挥下属的才能。当员工的工作表现逐渐恶化的时候，敏感的主管必须寻找发生这个现象的原因，如果不是有关工作的因素造成的，那么很可能是员工个人的问题在打扰他的工作。有些主管对这种现象不是采取"这不是我的责任"而忽视它，就是义正词严地告诫员工振作起来，否则卷铺盖走路；也有些主管一味地规范员工而不针对问题的核心。

不论如何，如果希望员工关心并认同公司，那么管理者就首先要关心员工的问题。因此，上述处理的方式可以说轻而易举，但是无法改善员工的表现。比较合理的方法应该是与员工讨论，设法协助员工面对问题，处理问题，进而改善工作绩效。

尊重下属才能得到下属的尊重

尊重，往往是与理解相伴而生。古人云："士为知己者死。"这说明理解是对别人最大的尊重，最有利于调动人的积极性。当下属对领导者布置的工作不认真对待时，千万不要强迫命令而要耐心开导；当下属的工作效率上不去时，不要埋怨，而要多加具体帮助；当下属工作有失误时，不要当众训斥，而要主动承揽责任；当下属对领导者有意见时，不要嫉恨，而要注重感化，真正在上下级之间建立一种亲密无间的同志关系，创造一种亲切、融洽、无拘无束的伙伴气氛。这样，被领导者就会感到领导者真诚可亲，值得信赖和可靠。

如果你总是摆出一副领导的架子，采取一种居高临下的态度，即使你的道理都对，也不能使人心悦诚服，甚至会引起下属的逆反心理。

通常来讲，下属尊重上级很容易理解，而上级尊重下属应该如何来诠释和实践呢？

第一，要尊重下属的人格。

这里的"人格"，指的就是一个人能够作为权利、义务主体的资格。对人格的尊重往往表现为运用权力时的慎重与理智。经验表明，当一个人在理性因素占上风时，就会尊重事实，善用逻辑推理，得出客观结论，而当其情绪因素占上风时，就会失去理智，蔑视事实，有很大的偏见。因此，在与下属的交往过程中，领导者要学会保持冷静、理智。

尊重下属，首先表现在平等待人，尊重下属的人格上。平等待人是尊重别人的基础与前提。管理者与被管理者只有职务和分工的不同，而无高低贵贱之分。只有在坚持人格平等的基础上处理与下属的关系，管理者才能真正赢得下属的尊重，从而有效地实施管理。反之，颐指气使、粗暴僵硬，只能使被管理者感到屈辱，要么唯唯诺诺、俯首帖耳，要么言行不一、阳奉阴违。同时，也可能使管理者自身处于孤立境地。显然，这是无益于管理的有效实施和工作的顺利开展的。

第二，要尊重下属的意见。

在工作中，领导者对下属提出的正确意见要尽量采纳，下属意见鱼龙混杂时，要充分肯定其正确的部分，对下级意见只有在其非常明显的错误和不合适时，才予以否定，但也要平心静气地说明道理。特别是下属对自己提出意见的时候，要有一种"闻过则喜、从谏如流"的态度，切不可耿耿于怀，挟嫌报复，甚至粗暴地以言治罪。

有些领导者自信心、好胜心很强，喜欢按自己狭窄的视野、固有的定势、有限的知识和经验决定问题，对下属的意见，凡是不符合自己口味的和自己不懂的，或者没有听说过的，都漠然置之，甚至藐视、排斥，这对于领导者来说是非常致命的。

楚霸王项羽自幼阅读兵书，却对兵法一知半解，他力大盖世，武艺超群，自称天下无敌。但是由于他刚愎自用，不容智士贤者，赶走了韩信、陈平，气跑了范增。他曾拥有千军万马，强大异常。却只是想凭个人能力取胜，而最终只落了个自刎的悲惨下场。

领导者要敢于起用那些不揣度迎合领导心理，不随风倒而敢说真话的人。这类人往往不计较个人得失，甚至可以把生死置之度外，是真正的"知己""诤友"，而那些看眼色行事、说话的人，一般都靠不住，若一遇风浪这类人就变来变去，摇摆不定。

第三，要尊重下属的特长。

古人说："骏马能历险，犁田不如牛，坚车能载重，渡河不如舟，舍长而就短，智者难为谋。"领导者要学会知人善任，依据和尊重下属的特长，把他们放在力所能及和能够充分发挥特长的地方。用非所长，工作勉强，是不明智的做法。比如，有些人雄才大略，既有战略眼光，又有组织能力，就应放在决策中心担任工作；有些人思维活跃，知识面广，综合能力强，既有真知灼见，又能秉公直言，应放到主要参谋助理的位置上；有些人铁面无私，耿直公正，善于联系群众，就让他做监督工作；有些人心领神会，善于领悟领导者的意图，对领导指示忠心执行，既埋头苦干，又任劳任怨，这类人是难得的执行人才，让他担任办公室主任、秘书职务一定得心应手。如果不注意尊重和发挥下属的特长，"乱点鸳鸯谱"，按住牛头强饮水，就会适得其反。

第四，要尊重下属的权限。

古人曰："为治有道，要上下不可相侵，鸡司晨，犬吠盗，牛负重，马涉远。"每个人都有各自明确的职权范围，在这个范围内尽职尽责地完成工作，本人会感到快慰。因此，领导者在给下属布置工作时责任要清楚，权限要明确，不要随意干预或代替他们在职责内的工作，既严格要求，又充分信任，才能充分发挥他们的主动性、创造性。如果不放心、不放手、不放权，事必躬亲，事无巨细，越俎代庖，大包大揽，处处干预下属的工作，不仅受累不讨好，而且会助长下属的依赖、推脱、扯皮的思想和作风，还会因为压抑和窒息了他们的聪明才智而招致不满，挫伤其积极性。

美国前总统罗斯福说过："一位最佳的领导者，是一位知人善任者，在下属甘心从事其职守时，领导要有自我约束力量，而不可插手干涉他们。"放手去让下属工作，给其予信任、鼓励和必要的指导，其结果必然会形成一个有效的工作系统，所有人的聪明才智都能得到充分发挥。

第五，要尊重下属的创新精神。

从某种意义上来讲，尊重下属主要体现在爱护被领导者的积极性和创造精神。这种爱护首先体现在，为下属创造一个良好的工作环境和外部条件，使他们的聪明才智得以充分发挥。

《庄子·山水》中记载着这样一则故事：一只猴子在挺拔的楠树、橡树、樟木中，或蹦跳或攀缘，随心所欲，自由自在，最好的射手也奈何不得它。可是有一次，这只猴子掉进一片荆棘丛中，便胆战心惊、左顾右盼、畏缩不前，再也不能施展其才能了。

可见积极性和创造性的发挥与客观环境关系极大。有的领导者往往喜欢自己的下属是传统保守型的人，认为思想活跃、对新生事物敏感的人，不安分的人是本单位的不稳定因素，这样就会挫伤以致扼杀下属的创造精神。

在下属中，要建立竞争机制，要"扶上马，放缰绳"，通过放马南山，天然竞逐，优胜劣汰，让下属充分发挥自己的创新精神，各领风骚、齐展雄才。

巧妙表扬能够收服下属的心

据有关媒体报道，针对120家企业、10000名企业员工调查显示：最明显的矛盾集中在基层管理人员与员工的激励层面上，至少超过五成以上的管理人员吝于表扬下属，让员工颇多怨言。

对在职员工的激励和肯定可以说是人力资源的"软功夫"，语言激励和金钱激励一样是对于员工劳动的"强化"，并且有时候这些心理需要得到满足比物质奖赏更重要。

通常来讲，越是高层次的员工，心理越需要被认可。因为从心理学的角度分析，能够到达非常高层次技术或职务的员工，或多或少会有些"自恋"的倾向，自恋的人最需要被认可、被重视，为了达到这一心理满足，他们会非常努力工作，达到非常高的技术或管理水平。面对这样的员工，最忌批评与指责，而是需要对他投入更多的"关注"，就是满足他自恋的心理，满足他对于被认可和被赞赏的心理需要。如果企业做到了这一点，员工就会感恩戴德，把全部精力投入工作中。

神采飞扬、情绪颇佳的小丛，谈到新公司的老板时赞赏不已，他说公司在创业初期工资虽不高，但老板却有神奇的本领，他平易近人，没有一点架子，更重要的一点是：最会夸奖人，令员工心情舒畅，自信心大增，积极性高涨，甘效犬马之劳。

的确，在如今的社会，要想调动员工的积极性，让员工尽心竭力为公司服务，金钱奖励是一种办法，但收服人心，善于表扬，常会收到意想不到的效果。因此，作为公司的领导，一定要学会如何表扬下属。

身为领导，做什么事情都要把握好一个"度"。苛责过分，下属会认为你不近人情，缺乏理解，从而产生逆反心理，消极怠工，不愿干出成绩。感情输入得过多又会使你显得比较软弱，缺乏应有的威慑力，下属也会对你的命令或批示执行不力甚至是置若罔闻。那么如何才能恰如其分呢？

其实，赞扬是必要的而且有效的。哪怕下属只是有了一点小小的进步，也不要忘记对他表示你的赞扬和认可。但赞扬要简短，如果说起来没完没了，就会失去赞扬的应有作用。

赞扬也要选对时机。如果在下属完成工作之前，就把表扬堆积在他身上，会让他感到你不真诚，或者就好像被你操纵一样。你要注意的是：表扬下属，是为了让他很好地完成工作而表示感谢，而不是引导他去做这个工作。

同样，下属某项工作做得好，老板应及时夸奖，如果拖延数周，时过境迁，迟到的表扬就失去了原有的味道，再也不会令人兴奋与激动，夸奖也就失去了意义。

夸人要诚恳。避免空洞、刻板的公式化的夸奖，或不带任何感情的机械性话语，听起来就会有言不由衷之感。

夸人要具体。表扬他人最好是就事论事，哪件事做得好，什么地方值得赞扬，说得具体，见微知著，才能使受夸奖者高兴，便于引起感情的共鸣。

表扬不要又奖又罚。作为上司，一般的夸奖似乎很像工作总结，先表扬，然后是"但是、当然"一类的转折词。这样的辩证、全面，很可能使原有的夸奖失去了作用。应当将表扬、批评分开，不要混为一谈，事后寻找合适的机会再批评可能效果最佳。

家属参与。如果你让下属的家属也参与进来，你对下属表扬产生的效果会更好。比如，你可给下属的家属写信，称赞其工作做得好，或是邀请下属的家属到公司里来，参加下属的表彰大会。

组建团队。在你的周围，选择可依赖的同事组成一个"表扬团队"，帮助你发现值得表扬的员工。鼓励团队成员告诉你，什么时候应该表扬哪一位下属的出色表现。

不管你是多么严格要求自己，下属都绝对有值得你夸奖的地方。工作中，不要吝啬你的掌声和美言。哪怕在下属说话的时候，你投过去一个赞许的眼神，对他们而言，都是一种莫大的激励和动力。

运用积极暗示激励下属

暗示在日常生活中是十分普遍的，一个人在社交活动中无时无刻不在接受别人的暗示，也无时无刻不在暗示别人，从而使人与人之间产生了相对而言的相互影响和相互作用。

某人出门旅行，途中投宿于一家旅馆。睡至半夜，哮喘的老毛病又发作了。他靠坐在床上，依然感到呼吸困难、胸部憋闷。黑暗中，他摸索了好一阵子，才找到窗户。可是，任凭他怎么使劲，也无法将它打开。情急之下，他只得挥拳把窗子的玻璃击碎。顿时，一股凉爽的新鲜空气迎面扑来。他探身对着被击碎的窗口深深地吸了几口，哮喘明显地减轻，于是又摸索着回床躺下，不一会儿就安然入眠。次日清晨醒来后，他想起夜间发生的事情，赶忙查看到底是哪一扇窗子被他打破。奇怪，所有的窗户均完好无损。原来，被他打破的竟是墙上那面挂钟的玻璃。这个人的哮喘发作是事实，打破挂钟玻璃后，哮喘发作被控制了也是事实。而"治"好哮喘发作时的那"一股凉爽的新鲜空气"却并不存在。这种"想当然"就是心理上的暗示。

在心理学上，暗示是影响者对被影响者在无对抗态度的条件下，用某种直接或间接的方式，把自己的意向传达给他人，并能引起他人反应的社会行为，它能使被影响者接受一定的思想、意见，按照一定的方式去行动。

美国心理学家威廉斯说："无论什么见解、计划、目的，只要以强烈的信念和期待进行多次反复的思考，那它必然会置于潜意识中，成为积极行动的源泉。"一个人的自信心其实质就是自我积极暗示。当一个人面临挑战性的新任务时，如果能看到自己的力量，正确地估量自己，并且有足够的勇气来承担这一任务，那么他就会在实现任务的过程中，想方设法地去奋斗，其结果也会是很好地完成任务。

除了自我暗示之外，人们还非常容易受到他人各种形式的暗示。懂得使用积极的暗示，可以让事情变得更美好。在管理工作中，如果领导善于使用积极的暗示，通过鼓励和赞美下属做得好的部分，暗示下属把其余部分也做得像好的部分一样，就会既表达了对下属的肯定，又提出了工作要求，比批评、惩罚、威胁等消极暗示的管理效果更有效。因为在心理学看来，权威是暗示成功的重要心理条件，对下属来说，领导者的行为具有权威性，使下属很快受到影响。所以，身为领导者的你，对下属的积极暗示效果会非常好。

在平常的管理过程中，如果我们的管理者坚信自己的每一位员工都是人才，都是千里马，都有能力为公司作出积极的贡献，并在与员工的接触中，有意无意地在工作中向员工传达这种信息，你的这种做法将对你员工的业绩有着积极的影响。管理者期望的力量对员工起着非常大的作用，在这种效应的影响下，员工可能会给予管理者积极的反馈，按照管理者的期望行事并最终达到成功。

赞美他人就是一种很好的积极性暗示，如能经常运用，必然会收到较好的效果。特别是对于领导者，如能善加运用这一方法，其效果更大，不但能改进上下级关系，还能调动下属的工作积极性。

例如，当你看到部下时，打个招呼，展露一下笑脸，再讲几句表扬性的话，"最近工作干得不错，你起草的那份文件，我看了，写得很好"。"你那项工作完成得很漂亮，你辛苦了"，等等。有时候对有些人实在没有可表扬的，那么你就说一声"你的衣服真好看"也能起到积极暗示的作用。

要知道，对领导而言，说赞扬的话并不费事，但对下属来说，其作用就大了。因为你是领导，你的表扬就是对下属工作的肯定。下属受到表扬后，会认为我这样做，能得到领导的赞赏；我这样做，能得到领导的肯定；我这样做，就是做对了，下次还要这样做。于是，下属就会主动地按照领导表扬的那样去做了。所以，你希望下属怎么做，你就怎样表扬下属，你怎么表扬，下属就怎么做。这比领导下命令，提要求，强迫下属按照领导的意图去做强得多——这就是领导艺术。

此外，领导对下属的表扬，也是对下属能力的肯定。下属会认为："我行，我的能力还可以，我有能力做好本职工作。"从此提高自信心，增强对工作的兴趣与自信感，工作越干越好，越干劲越足。

最后值得一提的是，如果使用积极暗示这种方法后，一定要坚持，长久地坚持下去。不能心血来潮了就让下属飘上云端，不顺心了又把下属打入深渊。只有不断强化，才能让对方深信不疑，最终让他人积极的暗示转换为他自己的信心。

千万不要抢上司的风头

社会上的有些人，自认为吹嘘自己的天赋和才华可以赢得上司的喜爱——这是个致命的误解。有的上司很可能当时会假装欣赏，等到一有机会就会以聪明才智、吸引力及威胁性都不比你强的人来取代你。

因此永远也不要让上司感觉到你比他优越。在你渴望取悦上司、令上司对你产生深刻印象的同时，不要太过多地吹嘘自己的才华，否则有可能达到相反的效果——引起他的畏惧和不安。

下面就有一则这样的故事：

从前，有一位国王生性爱挥霍，生活中充满着奢华的宴会、漂亮的女人。一天，他的财政大臣为了展现自己的能力和忠心，决定策划一场前所未有、奢华壮观的宴会来讨国王的欢心。宴会一直延续到深夜，宾主尽欢，人人都认为这是他们参加过的最令人赞叹的盛宴。

谁料想第二天一早，国王便下令逮捕了那位财政大臣，财政大臣被指控窃占国家财富。事实上，他被指控的罪行全部都得到了国王的许可。

最后那位财政大臣被送上了断头台。

你一定很疑惑：为什么故事会有这样的结局？

其实，原因很简单，因为国王的傲慢自负，他希望自己永远是众人注目的焦点，无法容许任何人在豪奢挥霍方面凌驾其上，财政大臣当然更是万万不可。

在16世纪末期的日本，茶道风靡贵族阶层，统治者丰臣秀吉非常宠爱首屈一指的茶艺家千利体，他是丰臣秀吉最信任的咨议之一。千利体不但在皇宫里有自己的寓所，其为人也获得全日本的尊崇。

然而在1591年，丰臣秀吉下令逮捕他，并判处死刑。后来人们发现千利体命运骤变的缘由，竟然是为自己制作了一座穿着木屐（贵族身份的象征）、态度傲慢的木头雕像，并将这座雕像放置在宫内的寺院里。对丰田秀吉而言，这件事意味着千利体做事没有分寸，以为自己和最上层的贵族享有同样的权力。

千利体已经忘记了自己获得的地位，完全是仰赖幕府将军得以实现的，但他却反以为自己是凭一己之力赢得了荣宠，这是千利体对自己的一次误判，为此给自己惹来了杀身之祸。

千万不要以为自己的地位是理所当然的，也千万不要让任何荣宠冲昏了头。永远不要异想天开，以为上司喜爱你，你就可以为所欲为，受宠的部属自以为地位稳固，胆敢抢主子的风头，终至失宠的事例古今中外不胜枚举。

有些下属不懂得迎合上司，而总是抢走老板的"光彩"，当然脸是露了，可是上司不会再给你好脸色看。所以明智的部属，应懂得如何适时地把自己的功劳归于老板。虽然这样做会有委屈自己和逢迎拍马之嫌，但有什么办法呢？谁让你是属下而他是老板呢？做老板当然要光彩夺目，而属下相比之下自然应黯淡些，如果不是如此而是相反，那老板难免容不下你。

有个故事说某局的胡局长的司机逐渐发福，而胡局长则是一直保持着消瘦，每次外出办事，总会出现一些尴尬事。因为很多人一见面就会把司机认作领导，而把胡局长本人认作是司机，这让胡局长和司机都感到很头痛，虽然每次司机都走在胡局长的后面缩手缩脚，但还是经常被人认错。不久，胡局长就换了司机，而新来的司机比胡局长更加消瘦。

故事中的司机之所以被局长换掉，就是因为他在众人面前抢了领导的风头，这让胡局长非常尴尬，自然也就非常生气。在实际生活和工作中，需要时时刻刻注意自己不能比你的领导更优秀、更引人注目。例如，你的穿着装扮比老板更胜一筹，把别人的目光都吸引到你身上而忽视了老板，你想你的老板心中会舒服吗？

特别是同性之间，做下属的穿着比老板还豪奢名贵，那老板必定很不舒服。尤其是女性上司，女性都对服饰特别看重，别人不经意间的赞扬或批评，都能引起其注意。如果你的老板很讲究服饰仪表，做下属的也要注意服饰的整洁得当，但不要抢了老板的风头；如果你的老板不太看重服饰，那你在穿着上"过得去"就行了。

又如，在公共场合抢着说话也不太适合。当部属和老板出现在公众场合，老板不太爱说话而部属却滔滔不绝，引得众人的赏识和掌声，则这位下属离被炒之期就不远了。在这些公共场合，你把别人的目光都吸引到你这里，把老板的"风头"都抢光了，老板能不嫉妒你吗？所谓言多必失，做下属只能"屈居第二"，附和着老板即可。

再如，你的人缘很好，工作能力强，但如果有些同事在老板面前太过表扬你，说你的才华超过老板。说这种话的同事也许是真糊涂，也许是别有用心的假糊涂，此时你就得小心了。老板希望自己的下属个个精明能干，能独当一面，但不希望下属比自己强，这是一种很微妙的心理。

总而言之，有出风头的机会应尽量留给老板，千万别做抢风头的蠢事。

罗松刚到某公司不久，短短两个星期后，他发现自己上司的工作极其简单。有一天，当上司正在为一项任务犯愁时，罗松主动请缨："主任，这件事太简单了，我在学校经常接触这方面的东西。"

罗松本以为上司会因此对自己大加赞赏，没想到主任冷冷地抛过来一句："是吗？我倒没发现原来你这么能干。"然后拂袖而去，剩下罗松一个人半天也没回过味来。

相比之下，许天就显得聪明多了。当许天的上司为一个问题烦恼时，许天并没有像罗松一样大大咧咧就说出由他来完成的话，而是以关心的态度表示愿意和上司一起思考，解决问题。他还找来一些资料，与上司一起寻找解决方法。结果，如许天"估计"的一样，上司比他先从资料里找出了答案。问题解决后，许天明显感觉到上司和自己之间的距离缩短了，从那以后上司就把他当成了"自己人"。

许天比罗松聪明之处就在于他既达到了解决问题的目的，又让上司保全了面子。在上司面前，许天并没有丝毫炫耀的意思，表现出的只是想替上司分忧的热情。

对于上司职责范围内的事情，无论你本人多么有能力，也绝不可擅自做主，私下处理，抹了上司的面子。如果你比上司聪明，就要表现出相反的样子，让他看起来比你聪明干练。你可以故作天真，使表面上看起来你更需要他的经验。有时还可故意犯一些无伤大雅的错误，才有机会寻求他的协助。上司们可是非常重视这样的请求。如果身为上司无法恩赐他的经验于下属，他可能就会"赏"给你他的恶意。如果你的点子比上司的想法更富创意，尽可能以公开的姿态将这些点子划归他名下，让大家都看清楚，你的建议不过是对他的意见的回馈。如果你天生就是人缘好、慷慨大度，小心不要成为遮蔽上司光华的那片乌云。因为上司必须看起来是众人围着的太阳，永远要散发着光辉。

领导面前要会推功揽过

一般来讲，作为下属，不仅要善于推功，还要善于揽过，两者缺一不可。因为大多数领导愿做大事，不愿做小事；愿做"好人"，而不愿充当得罪别人的"坏人"；愿领赏，不愿受过。在评功论赏时，领导总是喜欢冲在前面；而犯了错误或有了过失后，有些领导却总想缩在后面。这时，就需要下属出面，代领导受过或承担责任。

周姐是一家工厂的生产线科长，她个性温和，工作勤奋，与同事相处十分融洽。有一次，因为货源来不及补足，造成产量未达到预期的目标，厂长非常生气，在开会时宣布要扣除生产科员工当月的奖金。

散会后，周姐并没有解释生产为什么会延误，只是诚恳地对厂长说："这一切都不关生产科其他同事的事，是由于我指挥不当，这事应该由我独自来承担，请扣我个人当月工资和全年奖金作为处罚。"厂长也同意周姐的要求。

生产科的员工得知此事后，非常感动，于是大家主动加班，决心下个月超额完成生产目标。在大家同心协力及辛勤的努力之下，第二个月的产量果然超过目标。厂长非常高兴，立即宣布加发奖金给生产部门。

周姐将奖金都分发给了员工，自己分文未取，她对员工说："这些奖金是大家的辛劳所得，是属于大家的。"周姐推功揽过，不但赢得了生产科同事的拥护和赞赏，同时也为公司创造出了佳绩。

相比之下，工作中推过揽功的人，就不受欢迎并为人所摒弃；而豁达超然、不计较个人名利的人，反而能拥有威信，为人所尊重。《道德经》上有一句话："大巧若拙，大辩若讷。"意思是聪明的人，平时却像个呆子，虽然能言善辩，却好像不会说话一样，言外之意就是说人要匿强显弱，大智若愚。

上面的这则故事是典型的"揽过"，就是主动将过错扛在自己肩上。让我们再来看一则"推功"的故事，就是把功劳让给别人，尤其是让给自己的上司。

　　李泌是唐代中后期政坛上一位颇有名气的人物。他侍奉玄宗、肃宗、代宗、德宗四代皇帝，在朝野上下有着很大的影响。

　　唐德宗时，他担任宰相，西北的少数民族回纥族出于对他的信任，要求与唐朝讲和，这可给李泌出了个难题。从安定国家的大局考虑，李泌是主张同回纥恢复友好关系的；可德宗皇帝因早年时在回纥人那里受过羞辱，对回纥怀有深仇大恨，肯定不会答应。事情就这样僵在那里。正巧在这时，驻守西北边防的将领向朝廷发来告急文书，要求给边防军补充军马，此时的大唐王朝已经空虚得没有这个力量了，唐德宗一筹莫展。李泌觉得这是一个绝好的时机，便对德宗说："陛下如果采用我的主张，几年之后，马的价钱会比现在低十倍！"

　　德宗忙问什么主张，他不直接回答，先卖了个关子，说："只有陛下出以至公无私之心，为了江山社稷，屈己从人，我才敢说。"德宗说："你怎么对我还不放心！有什么主张就快快说吧！"李泌接着说道："臣请陛下与回纥讲和。"

　　此话一出，立刻遭到了德宗的拒绝："你别的什么主张我都能接受，只有回纥这事，你再也不要提了，只要我活着，我决不会同他们讲和，我死了之后，子孙后代怎么处理，那就是他们的事了！"

　　李泌知道，好记仇的德宗皇帝是不会轻易被说服的，如果操之过急，言之过激，不仅办不成事情，还会招致皇帝的反感，给自己带来祸殃。他便采取了逐渐渗透的办法，在前后一年多的时间里，经过多达15次的陈述利害的谈话，才算将德宗皇帝说通。李泌又出面向回纥族的首领做工作，使他们答应了唐朝的五条要求，并对唐朝皇帝称儿称臣。这样一来，唐德宗既摆脱了困境，又挽回了面子，十分高兴。唐朝与回纥的关系终于得到和解，这完全是由李泌历经艰苦，一手促成的。唐德宗不解地问李泌："回纥人为什么这样听你的话？"

　　李泌恭敬地说："这全都仰仗陛下的威灵，我哪有这么大的力量！"

　　听了李泌的这番话，德宗能不高兴吗？能不对李泌更加宠信吗？如果李泌是一个浮薄之人，必然大夸自己如何声威卓著，令异族畏服，显示出自己比皇帝都高明，这样一来必然会遭到皇帝的猜疑和不满。

　　有时候，将自己辛苦得到的成绩归于他人，是有点舍不得，心里也难以平衡。可是你细想一想，你做出了成绩，谁来表彰你，谁来给你发奖金，不是你的领导吗？你把功劳给了他，他会亏待你吗？如果你非要从狼嘴里夺肉，大饱了口福之后又怎样呢？怕是连命都保不住，你说你苦心得到那块肉还有什么意义呢？

崔军是某县委办公室的一名科员，经常会遇到上访者要求见领导解决问题的事情。领导精力有限，如果事事都去惊动领导，势必影响领导集中精力做好全局工作。

每当有来访者吵闹着要见领导时，崔军总是利用自己的特殊身份，勇敢地站出来，分清情况，解决纠纷，进行协调，必要时还使用强制手段把问题处理好；经常能够独自解决一些无理取闹、胡搅蛮缠的事件，不怕得罪人；对一些重大问题也是先调查清楚，安抚好上访者之后，再向领导请示，从不让领导直接面对棘手的问题；无论大事小情他总能处理得有条不紊，深受领导的赏识。

大凡领导，管辖范围的事情很多，但并不是每一件事情他都愿意干，都愿意出面，都愿意插手，这就需要下属在关键时刻能够出面，代领导摆平，甚至出面护驾，替领导分忧解难，这样必能赢得领导的信任和赏识。

像崔军这样的下属，哪个领导能不喜欢呢？这就是领导所赞美的实干家，这比整天跟在领导后面只知道看领导脸色行事，遇到点事就往领导后面躲的人要强得多。

让同事表现得比你优越

安德鲁·卡内基是美国的钢铁大王，他白手起家，既无资本，又无钢铁专业知识和技术，却成为举世闻名的钢铁巨子，这其中充满着神奇的色彩，使许多人迷惑不解。有一次，当卡内基接受采访时，一位记者问道："您的钢铁事业成就是公认的，您一定是世界上最伟大的炼钢专家吧？"

卡内基哈哈大笑地回答："记者先生，您弄错了，炼钢学识比我强的，光是我们公司，就有两百多位呢！"

记者诧异道："那为什么您是钢铁大王？您有什么特殊的本领？"

卡内基说："因为我知道如何鼓励他们，使他们能发挥所长为公司效力。"

确实，卡内基创办的钢铁业是靠其一套有效发挥员工所长的办法取得发展的：起初，卡内基的钢铁厂因产量上不去，效益甚差。卡内基果断地以一百万美元年薪，聘请查理·斯瓦伯为其钢铁厂的总裁。

斯瓦伯走马上任后，鼓励日夜班工人进行竞赛，这座工厂的生产情况迅速得到改善，产量也大大提高，卡内基也从此逐步走向钢铁大王的宝座。

可见，卡内基是十分聪明的，如果他自命是最伟大的炼钢专家，那么至少会导致一些水平与其不相上下的专家不肯为其效力。即使是斯瓦伯这样的管理专家，也不会被看重使用，而人们也不会如此敬仰卡内基了。法国哲学家罗西法古说："如果你要得到仇人，就表现得比你的同事优越吧；如果你要得到同事，就要让你的同事表现得比你优越。"

为什么这句话是事实？因为当同事表现得比我们优越时，他们就有了一种重要人物的感觉，但是当我们表现得比他还优越，他们就会产生一种自卑感，造成羡慕和嫉妒。

纽约市中区人事局，最得人缘的工作介绍顾问是亨丽塔，但是在她之前的情形并不是这样。在她到人事局的头几个月当中，亨丽塔没有一位好友。为什么呢？因为她每天都吹嘘自己在工作介绍方面的成绩，她新开的存款户头以及她所做的每一件事情。

"我工作做得不错，并且深以为傲，"亨丽塔对拿破仑·希尔说，"但是我的同事不但不分享我的成就，而且还极不高兴。我渴望得到这些人的喜欢，我真的很希望他们成为我的朋友。在听了你提出来的一些建议后，和同事在一起的时候我开始少谈自己而多听同事说话。因为同事也有很多事情值得吹嘘，把他们的成就告诉我，比听我吹嘘更令他们兴奋。现在当我们有时间在一起闲聊的时候，我就请同事把他们的欢乐告诉我，好让我分享，而只在他们问我的时候我才说一下我自己的成绩。"

无论你采取什么方式指出别人的错误，一个蔑视的眼神或是一种不满的腔调或是一个不耐烦的手势，都有可能带来难堪的后果。因为你否定了别人的智慧和判断力，打击了别人的荣耀和自尊心，同时还伤害了别人的感情。别人非但不会改变自己的看法，还要进行反击，这时你即使搬出所有柏拉图或康德的逻辑也无济于事。

永远不要说这样的话："看着吧！你会知道谁是谁非的。"这等于说："我会使你改变看法，我比你更聪明"——这实际上是一种挑战，在你还没有开始证明对方的错误之前，他已经准备迎战了。为什么要给自己增加困难呢？

在纽约，有一位年轻的律师，他参加了一场重大案件的辩论，这个案件牵涉一大笔钱和一项重要的法律问题。在辩论中，当一位最高法院的法官对年轻的律师说："海事法追诉期限是六年，对吗？"

律师愣了一下，看看法官，然后率直地说："不，庭长，海事法没有追诉期限。"

这位律师后来说："当时，法庭内立刻静默下来。似乎连气温也降到了冰点。虽然我是对的，他错了，我也如实地指了出来，但他却没有因此而高兴，反而脸色铁青，令人望而生畏。尽管事实站在我这边，但我却铸成了一个大错，居然当众指出一位声望卓著、学识丰富的人的错误。"

这位律师确实犯了一个"比别人正确的错误"。在指出别人错了的时候，为什么不能做得更高明一些呢？

第六章 纵横商场的心理博弈术

商场如战场，在战场上行军讲究各种战术，商场上同样也需要战术的安排，只不过商场上的战术不用动刀动枪，而是心理上的一种战术。商场的心理战术是一门学问，如果你想踏入商海，做个时代的弄潮儿，为自己的事业开出一片广阔的天地，就需要你运用心理学的知识，解析你的对手，为自己赢得更大的商机。

守诺为你赢得更多商机

俗话说"人无信不立"。一个不讲诚信的人是很难立足于社会的，一个不守信用的企业也很难存活在社会上。诚信是人一生最有价值的财富之一，它可以为你赢得朋友和许多机会。

真诚与守信在人际交往中具有第一位的重要意义。美国心理学家马斯洛认为，人际交往中最基本的心理保证是安全感，没有安全感的交往是难以发展的。只有抱着真诚的态度与人交往，才能使对方有安全感，才会觉得你可信，从而容易引起对方情感上的共鸣。若一个人虚情假意，口是心非，那么交往中就会让人感到不安全，时时处处小心翼翼，就不可能相互理解和信任。

守信会为你赢得更多商机。忠诚、守信的人一般不会吃亏，忠诚、守信能帮助你的人生之舟在波涛汹涌的人海中稳步航行，能让你得到更多成功的机会。

1835年，摩根先生成为伊特纳火灾保险公司的股东，因为这家小公司不用马上拿出现金，只需在股东花名册上签上名字即可成为股东。这正符合摩根先生当时没有现金的境况。然而不久，有一家投保的客户发生了火灾。按照规定，如果完全付清赔偿金，保险公司就会破产。股东们一个个惊慌失措，纷纷要求退股。摩根先生认为自己应该为客户负责。于是他四处筹款并卖掉了自己的房产，并以低价收购了所有要求退股人的股份。然后他将赔偿金如数返还给了投保的客户。

一时间，伊特纳火灾保险公司声名鹊起。已经几乎身无分文的摩根先生濒临破产。无奈之中他打出广告，凡是再参加伊特纳火灾保险公司的客户，保险金一律加倍收取，不料客户却蜂拥而至。因为在很多人的心目中，伊特纳公司是最讲信誉的保险公司。伊特纳火灾保险公司从此崛起。

许多年后，摩根先生的孙子J. P. 摩根主宰了美国华尔街金融帝国。其实成就摩根家族的并不仅仅是一场火灾，而是比金钱更有价值的信誉，也就是对客户的忠诚。还有什么比让别人都信任你更宝贵的呢？有多少人信任你，你就拥有多少次成功的机会。信誉是无价的，通过守信获得成功，就像用一块金子换取同样大小的一块石头一样容易。

"言必信，行必果，诺必诚"，这是中国传统中人与人、人与社会的交往过程中的立身处世之本，每个人都要靠这样一个道德原则来规范自己的言行。在社会交往中诚信是做人的美德。"君子养心莫善于诚，至诚则无它事矣。"一个做事、做人都不讲信用的人，是很难在社会上立足的，因为人们均不齿于那些言而无信的人。

一个心理成熟且品质高尚的人懂得承诺的分量，他不会轻易拿自己的信誉开玩笑，如果条件不具备，他不会给自己施加无谓的压力；而一旦作出承诺，他就会千方百计、全力以赴。松下幸之助说："信用既是无形的力量，也是无形的财富。"这是一个讲究诚信的社会，做人做事，都要讲诚信。只有守信，才能被他人所欣赏，才能为创业的成功奠定坚实的基础。

学会满足客户的折中心理

一般来讲，客户总是犹豫不决，这不仅会使整个交易时间大大延长，而且还会令销售人员不知所措。其实，如果站在客户的立场上考虑，他们的犹豫不决是有多方面原因的。假设现在你需要购买某种产品，那你肯定要首先考虑这种产品是否能满足你的需求；之后，你还会考虑产品的质量是否有保证、使用期限、产品的价格等。只有在你确定各方面的条件都比较满意的情况下，才会作出购买决定。所以，对于那些从事销售工作的人来说，一定要摸清客户购买产品时的心理，并且根据客户的购买心理采取相应的方式。

就如同销售人员期望中的目标不是总能实现一样，客户在购买产品时也会因为受到各种条件的局限而无法购买到完全称心如意的产品。比如，质量满意的产品价格太高，颜色漂亮的衣服款式陈旧，价格适中的东西使用周期太短等等。

当自己期望中的条件不可能全部实现的时候，客户就要在心里进行一番权衡，希望利用现有的条件使自己买到物有所值而又尽可能地满足自身需求的产品。对于客户的这种权衡心理，销售人员不仅要深刻理解，而且要根据他们的这种心理帮助他们作出决定。既然客户需要针对产品的各种条件进行一番权衡，那他们在购买产品时当然希望自己能够拥有一定的选择空间，如果没有一定的选择空间，即使销售人员提供的产品符合他们的要求，他们也可能会到选择空间更大的商家那里去。这种购物特点在女性客户身上表现得尤其明显。

例如：一对夫妻走进一家房地产公司的售楼处，他们打算购买一套80平方米以上、南北朝向并且拥有大客厅的房子，当然其他房间的格局也要符合他们的生活需要。接待他们的销售代表是一位年轻的小伙子，他将这对夫妻带到了售楼处的沙盘旁边，开始向他们介绍小区周边及内部的大致情况。

当他介绍到"小区会所设备齐全，周边拥有正规的中小学校和大医院……"时，"我想问一下，这个楼盘有几种户型，我可以看看户型图吗？"女客户打断了他的介绍。销售代表让这对夫妻到茶几边坐一会儿，然后拿来了几张户型图，同时他告诉这对夫妻："小区的销售情况比较好，现在只剩下十几套房子没有卖出去了，而且这十几套都属于一种户型。"

听到这话，女客户疑惑地和丈夫对视了一眼，然后问销售代表："那是不是剩下的都是别人看不上的呀？"销售代表马上回答："哦，不是这样的，其实这十几套房子恰恰是格局比较好的户型，只是因为一开始公司是将这些房子给一位大客户预留的，后来这位大客户的资金周转出现问题，所以就留到最后卖了。"

女客户又问："那这十几套房子都分布在哪儿？"

销售代表回答："都分布在临街的这栋楼里，而且都是二层到四层，大多数客户都优先选择这几层，不是吗？"

"可是这几层的价格也比较贵，对吗？"女客户又提出了异议，接着她又对丈夫说，"我想我们还是到其他地方再看看吧，这里根本就没有其他选择，也许我们会遇到更好的房子。"说着，这对夫妻就离开了售楼处。

几天以后，当那位年轻的销售代表打电话询问这对夫妻，是否还有意购买其公司的房子时，那对夫妻告诉他："我们已经买了另一处房子，就在离你们不远的某某小区。"后来，那位销售代表得知，这对夫妻购买的房子与自己销售的房子各种条件都相差不大，只不过另外一家房地产公司的房子种类更丰富，他们在决定购买之前经过了一番精心挑选。

客户期望拥有更大的选择空间，以使自己能够更有弹性地选择购买哪种产品，这种心理是折中心理的重要体现。了解到客户的这种心理，销售人员在向客户推销产品时，不妨给他们留下选择的余地，让他们能够在更大的空间内进行选择。比如多准备几种不同型号、不同工艺、不同质量的产品，当然产品的价格也要分不同层次。这样一来，既可以满足不同客户的不同需求，又可以让每位客户都能在一定范围之内进行充分选择，从而满足客户的折中心理。

在把握客户的折中心理时，销售人员要做的不仅仅是把不同种类和特征的产品，陈列在客户面前，同时还要根据自己的观察和分析，针对不同的客户需求向客户提出合理建议。比如，当客户在面对诸多选择犹豫不决时，销售人员如果发现客户更注重产品的质量和价格，那就可以向客户着重推荐简单实用的产品；如果客户更注重产品的外观，那就可以向客户着重推荐造型别致的产品。通常，在经过自己的一番权衡和销售人员的合理建议之后，客户会结合自己的权衡结果及销售人员的建议内容及时作出选择，从而快速完成交易。

让客户感觉到成就感和自豪感

通常情况下，我们都追求顾客的满意度，可是怎样才能满足客户的自豪心理呢？如果让客户在满足了商品的需求之外，还能满足到心理上的需求，那么就能长久地留住客户。顾客满意是基本的心理需要，但自豪却是更深层次的。

自豪感是通过与他人进行比较，发现的一种"人无我有"的心理感受。这种感受能使客户感到他自身的不同和超越他人的能力和权力。这种超越他人的能力和权力，使他感觉到自我价值实现的满足。

在一个旅游团中，当导游讲到一座建筑上的貔貅雕塑时，一位来自广东的游客小马，立刻把他脖子上镶有玉质貔貅的金项链拿了下来，并向导游询问是不是这个，还说貔貅是南方商人的信仰，是招财进宝的象征。小马让人看的东西，并不是想要炫耀自己所戴首饰的豪华高档程度，而是在向人展示一种能力和权力，是一种自豪感。

同理，客户的心理自豪感一般与企业的品牌有关。企业的品牌越知名，带给客户的这种满足就越多。消费名牌产品或服务本身是一种高贵的体现，所以会给人们带来自豪价值的满足。我们常常发现戴有劳力士豪华高档表的大款，总是把他的袖子挽得高高的，故意露出他手腕上的高贵手表，其原因也在此。展示他所戴手表的豪华高贵，就是向人们展示一种能力和权力，以实现自身的自豪价值。

所以，我们在说明产品的功能时，不妨指出产品能帮助客户提高生活品位，产品是一流的，如此等等，客户会认为产品能给他带来自豪感，购买是值得的。我们必须找出一些方法让客户感到"炫耀无比"。

例如很多商店采取心理定价中的尾数定价法，也是为了让客户觉得自己买的商品很便宜，物美价廉或者是物超所值，让他们有成就感、满足感、自豪感。如果你从事产品销售活动，完全可以在这方面加以注意，你可以从两点做起：定价和服务。

定价具体的做法表现在两个方面：其一，产品最后的售价不取整数，而是留有尾数。如沙琪玛11.80元／包，绿茶1.85元／瓶。一般来说，客户喜欢尾数价格，而不喜欢整数价格。

这是利用消费者数字认知的某种心理，尽可能在价格数字上不进位，而保留零头，使消费者产生价格低廉和卖主经过认真的成本核算才定价的感觉，从而使消费者对企业产品及其定价产生信任感，因而容易接受。

其二，就是价格接近某一整数时，定价也避开整数，尽可能用9、8等数字标出一个比某一个整数稍差一层次的价格，让消费者有一种便宜的感觉。如空调定价为1199元，听起来比1200元少。另外，很多商店的价格还有一个特点，就是多采用如"9""8""6"数字，因为客户往往认为这些数字是吉利的。

客户都希望买到物超所值的产品，即使有时候那件商品并非目前所需要的。因为这样可以让他们产生满足感，以比平时低廉得多的价格买到了某件东西所产生的自豪感，会促使他再次光顾你的商店。因此，许多零售商利用大部分客户求廉的心理，特意将某几种商品的价格定得较低以吸引客户。某些商店会随机推出降价商品，每天、每时都有一至两种商品降价出售，吸引客户经常来采购廉价商品。在采购这些廉价商品的同时，也选购了其他正常价格的商品。

接着来说服务。许多人认为和客户讨价还价是一种好的服务方式，事实上这样的经营态度反而会使客户认为原本的价钱定得太高了。除了商品的价格和质量之外，客户最在意的是服务，在意自己作为一个消费者是怎样被接待的。

我们既不能对客户爱搭不理，也不可以过分热情。假如你能正确地把握分寸，检查自己的服务态度，就一定能博得客户的好感。第一次到店里光顾的客户，如果能受到得体而亲切的服务，即使别处的商品卖得较便宜，或者交通条件较为方便，他们也不会到别的商店购买，而会成为这里的常客。因为你让他们感受到了一种受尊重的感觉，让他们的自豪感油然而生，那么你的生意自然就会很好了。

应对多疑客户的心理术

生活中有些客户，他们总是对周围的人或事充满了怀疑，其中包括服务人员及其产品。无论服务人员怎么向他介绍，他也不会相信。有时会盯着你，仿佛要把你看透；有时则会神秘地冲你笑笑，好像你对他隐藏了什么而他已看破似的。这类客户的心中，多少有些个人的烦恼，如家庭、工作、金钱方面等，因此常将怨气出在服务人员身上。或许是他以前上过当，上过当的人往往都变得十分谨慎；也或者是因为自身比较精明，又多疑又精明……

由于诚信的缺失，在这种状态下，人们时常对什么都充满着戒备。戒备令我们如此不快乐，但我们却依然奉其为武器。没办法，人人都不想受到伤害，于是大家一个个疑心重重。企业的正面广告宣传常被理解为"王婆卖瓜，自卖自夸"，产品定价高一点被视作"暴利"，定价低了又被视作"便宜没好货"……

在一个商展摊位前，摆放着他们即将在四周后推出的新版软件。一个年轻人停在了展位前，工作人员向他展示新版软件的功能。但是当工作人员告诉他说这个版本要一个月后才会上市，在工作人员还未能多说些什么时，那个年轻人已转过身去匆匆地走开了。

对年轻人来说，工作人员刚才所展示的一切都是无用的。他所关心的是，这软件并不存在，而他显然不相信这版本在四周后能够上市。研究指出，每位客户都有类似的怀疑。根据波特·诺菲利公关公司（Ponernoveli）的调查报告，只有37%的大众认为来自软件或计算机公司的报道是"非常或有一点可信的"；如果是来自制药公司，比例是28%，汽车制造商是18%，保险公司是16%。

不管你对于客户的这种心理能否理解，都应该诚恳、详细地作出介绍，介绍中着重以事实说话，多以其他用户的反映向他保证。千万不要和他争辩，你应该以亲切的态度与他交谈，进行商品说明时，态度要沉着，言辞要恳切，而且必须了解他的顾虑，同时也要避免对他施加压力，否则只能让事情变糟。这时，你需要以一种友好的关切的口气询问他："我能帮你吗？"等他完全心平气和，再按一般方法与他洽谈。

如今的顾客是警觉的、多疑的，这是个事实。但是他们还是会相信某些人。在日常工作中，我们需要抓住顾客的这个心理来为自己服务。

随着新产品和新广告数目的增加，顾客不再相信广告里所说的，他们转而求助于独立的、第三方的、权威的、专家的推荐和建议。朋友、亲属、邻居、同事，当然还包括专家和专业媒体都成了营销推广的关键人群。

每个产品类别，都会有推荐价值指数比较高的特定人群，这类人群就是关键人群。比如IT产品，年轻、有知识的男性消费者就是关键人群；而日常生活用品，中年家庭妇女的推荐价值就明显高于其他人群。关键人群成了普通消费者的购物向导。大多数消费者也会认可这些"专家"认为最好的产品，作为购买选择。所以，我们需要做的就是，抓住这些关键人群，他们说的话远比你说的有效。

平常在与多疑的客户打交道时，说话要谨慎、小心，尽量把产品的优点与性能向他们介绍清楚。他们的疑惑神情不影响成交。可以运用说理的形式对他们进行投资劝说，可以把与其成交说成是一次投资的好机会，以增强他们的购买意愿，使交易顺利进行。他们有时会因一句话不对就拂袖而去。能否使他乐意听你介绍，取决于你是否具有专业的知识与才能。

与这类客户打交道时也可以运用一些计谋，抓住他们多疑的心理，但不可过于施加压力以免刺伤对方的自尊心，使他丢面子。不过，也可利用这一点，刺激他一下，使他为挽回面子而成交。对付这类客户，热忱已经起不了多大作用，可以适时运用冷淡法，使之产生好奇，利用他的好奇心达成交易。

在商业竞争中，我们可以利用客户的这种多疑心理，有意显示自己实力不足，或者隐瞒自己强大的实力，给多疑的竞争者或客户造成错觉，更有利于经营。比如通过限制销售而有意识地使自己的产品在市场上保持供不应求的紧张局面，以此来刺激消费需求，扩大市场，而在产品滞销时，却故意造成产品脱销的假象，诱发消费者的购买欲。

在经营活动中，如果能够抓住客户的心理，或以实示虚，或以虚示实，使客户或竞争对手产生疑惑，就有一举获胜的可能性。

先发制人掌握主动权

一般来讲，先发制人更容易掌握办事的主动权。做事时要善于察觉事情发展的动向，在机会没有来临之前，就要多思考，静观其变，寻找出击的时机。一旦时机成熟，就立刻着手行动，需要快人一步，把主动权牢牢地掌握在自己手中。

某个清晨，美国实业家亚默尔像往常一样在办公室里看报纸。突然，他的眼睛一亮，他看到了一条几十字的时讯：墨西哥可能出现了猪瘟。

他立即想到：如果墨西哥出现猪瘟，就一定会从加利福尼亚、得克萨斯州传入美国，一旦这两个州出现猪瘟，肉价就会飞快上涨，因为这两个州是美国肉食生产的主要基地。

此时他的脑子正在运转，手已经抓起了桌子上的电话，问他的家庭医生是不是要去墨西哥旅行。家庭医生一时间弄不清是什么意思，不知怎么回答。

亚默尔只简单地说了几句，就又对他的家庭医生说："请你马上到野餐的地方来，我有要事与你商议。"

原来那天是周末，亚默尔已经与妻子约好，一起到郊外去野餐，所以他把家庭医生约到了他们举行野餐的地方。

他和妻子还有他的家庭医生很快聚集在一起了，他满脑子想的都是那件事，对野餐已经失去了兴趣。他最后说服他的家庭医生，请他马上去一趟墨西哥，证实一下那里是不是真的出现了猪瘟，医生很快证实了墨西哥发生猪瘟的消息的真实性，亚默尔立即动用自己的全部资金大量收购佛罗里达州和德克萨斯州的肉牛和生猪，很快把这些东西运到美国西部的几个州。

不出亚默尔的预料，瘟疫很快蔓延到了美国西部的几个州，美国政府的有关部门下令一切食品都从东部的几个州运往西部，亚默尔的肉牛和生猪自然在运送之列。

由于美国国内市场肉类产品奇缺，价格猛涨，亚默尔抓住这个时机狠狠地发了笔大财，在短短的几个月时间内，就足足赚了100万美元。

他之所以能够赚到这样一大笔别人没有赚到的钱，就是因为他比别人更能准确地把握商机，一旦发现商机就果断出击、绝不手软。

美国大企业家哈默1931年从苏联回到美国时，正是富克兰林·罗斯福逐步走近白宫总统宝座的时候。罗斯福提出解决美国经济危机的"新政"，但因"新政"尚未得势，故很多人持怀疑态度。一些企业家因对"新政"怀疑，在经营决策中举棋不定。而哈默深入研究了当时美国的国内形势，分析结果认定罗斯福会掌握美国政权，"新政"定会成功。据此，他作出了一项生财的决策。

哈默认为，一旦罗斯福新政得势，那么1920年公布的禁酒令就会废除，为了解决全国对啤酒和威士忌酒的需求，那时市场将需求空前数量的酒桶，特别是需求经过处理的白橡木制成的酒桶，而当时市场上却没有酒桶供应。哈默在苏联生活了多年，十分清楚苏联人有制作酒桶用的木板可供出口。于是，他毅然决定向苏联订购了几船木板，并在纽约码头附近设立一间临时性的酒桶加工厂，后来又在新泽西州的米尔敦建造了一个现代化的酒桶加工厂，名叫哈默酒桶厂。

当哈默的酒桶从生产线上滚滚而出的时候，正好是罗斯福初掌总统大权和废除禁酒令的时候，人们对啤酒和威士忌酒的需求急剧上升，各酒厂生产量也随之直线上升。哈默的酒桶成为抢手货，获得了可观的利润。

由此可见掌握时机，先发制人，在任何行业上都能行得通走得顺。这就要求我们在做事时，要有心计，善于思考，把握时机，主动出击。

制造假象，难事也会变简单

在商场上，有些领导者喜欢用"策动人心"的方法来达到自己的目的，他们一般会制造一些假象，使对手觉得被暗示过，便在这种错觉中一步步行事，却不知，自己已身陷其中。这种方法的好处在于不需要允诺什么，而对手就会做出各种"投其所好"的事情。

有一个犹太人的故事说，穷人费尔南多在傍晚时分到达了一座小镇。他没有钱吃饭，更没有钱住旅馆，只好到犹太教堂找管事的人，请他介绍一个能提供安息日食宿的家庭。管事的人打开记事本，看了一下，对他说："这个星期五，经过本镇的穷人很多，每家都安排了客人，只有开首饰店的西梅尔家例外，因为他一向不肯收留客人。"

"他会接纳我的。"费尔南多很自信地说，然后转身走向西梅尔家。西梅尔一打开门，费尔南多便很神秘地把他拉到一旁，从大衣口袋里掏出一个砖头大小沉甸甸的小包，小声地对西梅尔说："砖头大小的黄金值多少钱呀？"

首饰店老板西梅尔一听黄金二字，眼前一亮，可是当天是安息日，按犹太教规，不可以再谈生意了，但是他又舍不得让这宗送上门的大买卖落到别人的手中。他连忙挽留费尔南多在他家住上一宿，等到明天安息日一过再谈生意。

所以，整个安息日，费尔南多得到了首饰店老板的盛情款待。到星期六晚上，可以做生意了，西梅尔满面堆笑地催促费尔南多把"货"拿出来看看。这时费尔南多故作惊讶地回答道，"我不过想问一下，砖头大小的黄金值多少钱而已。我哪有什么金子？"

在这则笑话中，穷人费尔南多熟练地运用了"策动人心"的技巧：他在一个不能谈生意的时候，问了一个似乎关于生意的问题；而到可以谈生意的时候，这个关于生意的问题，又成了一个非生意的问题。

由于费尔南多一直没有明确他是否在谈生意，对问题的理解完全在于首饰店老板个人，费尔南多只不过为首饰店老板的"想象"提供了若干"参照物"，例如，他神秘兮兮的样子，还有那块"砖头"一样的东西，而所有这些参照物同样也是无法明确界定的，所以最后只能怪首饰店老板赚钱心急，把别人的"随便问问"当作了商业谈判的引子。

采用模棱两可的暗示方法来策动对方心灵的犹太商人，在经商实例中数不胜数，美国犹太实业家路易·E.沃尔夫森就是一个很经典的例子。

沃尔夫森是一个移居美国的犹太商人的儿子，在20世纪50年代至60年代时，被商界誉为金融奇才。但他的实业道路却是从负债经营开始的。他首先向人借了10000美元，买下了一家废铁加工厂，然后把它办成了一家赢利颇丰的企业，只有28岁的沃尔夫森仅个人资产就突破了百万美元。1949年，沃尔夫森用210万美元的价格买下了"首都运输公司"，这是设在华盛顿的一套地面运输系统。

沃尔夫森有能力把亏损的企业办成赢利颇丰的企业，这是大家有目共睹的。但这一次，公司还没有赢利，沃尔夫森就开始宣布公司将要增发红利。这种手段本身并没有特别出奇的地方，只是沃尔夫森开始发放的红利超过了公司这一段时间的赢利额。他用贴出公司老底的代价制造企业高赢利的假象，让公众对该公司产生过高期望，从而提高公司的股价。

和沃尔夫森预料的一样，"首都运输公司"的股票在证券市场被大家一致看好，价格一路上升。趁此机会，沃尔夫森将其手中的股票全部抛出，仅此一举赢利额竟达原来股票价值的六倍之多。沃尔夫森的实业王国当然不是完全靠"策动人心"创建起来的，但也不能否认，"策动人心"确实加快了其公司的成长。

现实中，只要我们能够运用好这种经商的谋略，每个人都有可能像犹太人一样成为顶尖的商人。

讨价还价的策略

古语有云，世事如棋。生活中每个人如同棋手，每一个行为如同在一张看不见的棋盘上布子，精明慎重的棋手们相互揣摩、相互牵制，人人争赢，下出诸多精彩纷呈、变化多端的棋局。博弈本是一种平和之道，没有什么是绝对的，小到个人与个人下棋之间的对弈，乃至处事；大到古时刀光剑影的沙场，乃至现实生活中。

有一个这样的故事：一个穷困的书生为了维持生计，要把一幅字画卖给一个财主。书生认为这幅字画至少值200两银子，而财主是从另一个角度考虑，他认为这幅字画最多只值300两银子。从这个角度看，如果能顺利成交，那么字画的成交价格会在200～300两银子之间。如果把这个交易的过程简化为这样：由财主开价，而书生选择成交或还价。这时，如果财主同意书生的还价，交易顺利结束；如果财主不接受，那么交易就结束了，买卖也就没有做成了。

这是一个很简单的两阶段动态博弈的问题，应该从动态博弈问题的倒推法原理来分析这个讨价还价的过程。由于财主认为这幅字画最多值300两，因此，只要书生的还价不超过300两银子，财主就会选择接收还价条件。但是，再从第一轮的博弈情况来看，书生会拒绝由财主开出的任何低于300两银子的价格，如果说财主开价290两银子购买字画，书生在这一轮同意的话，就只能得到290两；如果书生不接受这个价格，那么就有可能在第二轮博弈提高到299两银子时，财主仍然会购买此幅字画。从人的不满足心来看，显然书生会选择还价。

在这个例子中，如果财主先开价，书生后还价，结果卖方可以获得最大收益，这正是一种后出价的"后发优势"。这个优势相当于分蛋糕动态博弈中最后提出条件的人几乎霸占整块蛋糕。

事实上，如果财主懂得博弈论，他可以改变策略，要么后出价，要么先出价但不允许书生讨价还价。如果一次性出价，书生不答应，就坚决不会再继续谈判来购买书生的字画。

　　博弈理论表明，当谈判的多阶段博弈是单数阶段时，先开价者具有"先发优势"；而双数阶段时，后开价者具有"后动优势"。这在商场竞争中是十分常见的现象：非常急切想买到物品的买方往往要以高一些的价格购得所需之物；急切于推销的销售人员往往也是以较低的价格卖出自己所销售的商品。正是这样，富有购物经验的人买东西、逛商场时总是不紧不慢，即使内心非常想买下某种物品都不会在商场店员面前表现出来；而富有销售经验的店员们总是会劝说顾客，"这件衣服卖得很好，这是最后一件"之类的陈词滥调。

　　商场中的讨价还价，正如书生与财主之间的卖与买一样，都是一个博弈的过程。如果能够运用博弈的理论，一定能够成为胜出的一方。

"情侣博弈"中的商业谈判

在竞争激烈的商战中无时无处不存在着谈判。比如说，你要和汽车销售员协商一辆车的价格；你要和老板协商加薪问题；你想要并购一家公司；你要花大量时间和精力与对方协商收购价格；如果你是政府的外交人员，你还可能代表自己的国家与另一个国家协商贸易纠纷……

博弈技巧在谈判过程中的重要性在现代社会中日益突显。你想在各种争端中胜人一筹吗？你知道如何在谈判过程里出奇制胜、突然一拳击倒对手吗？你知道如何在似乎已经走到没有协商余地的死胡同时创造性地找到突破口吗？

在商业谈判中，有一种"情侣博弈"谈判的模式。"情侣博弈"说的是一对热恋中的情侣，在如何安排度周末，而出了这样的题：男士想看球赛，女士要听歌剧。对于这样一个模式，博弈论告诉我们，双方都去看球赛或者双方都去听歌剧，是博弈的两个"纳什均衡"，也就是对双方整体而言，满意程度最高的两个结局。

如果从其中的某个个体来看，这样的结局不是最优，但是如果有一方稍许让步，就可以换来情侣组合整体的最佳满意度，同时自己也得到相对较佳的满意度；反之，如果男士单独去看球赛而女士单独去听歌剧，由于缺少情侣陪伴，必然会造成满意度的急剧下跌。

有个专业人士说过："谈判的基本原则是，如果合作型与合作型谈判，这会是一个共赢的局面；如果竞争型与竞争型谈判，要达到共赢会很难；如果合作型与竞争型谈判，通常情况下，合作型都会处于劣势。"

谈判时，如果你在和一个竞争型的人谈判，一定要小心，你必须表现得比他更加具有竞争意识，要比他更加强硬。竞争性谈判，一般是一个零和游戏。这样的谈判可能会产生挤牙膏式的压力，使对方永远存在压价或抬价的幻想。

在谈判中，共赢是最理想的结果，而合作性的谈判是一个共赢的游戏。但是，所谓的共赢，也是一个非常危险的词汇。即便是一个共赢的买卖，你的谈判空间仍然很大，天平依然会偏向另一方。

1985年，在美国彼得斯堡的一家美式足球俱乐部里，发生了一场很有意思的球员薪水谈判。

球员弗兰克的代理人正在和球队老板谈判。此前，弗兰克在该球队每年能够拿到38.5万美金。一开始，事情进展得非常顺利。代理人要求，1985年弗兰克的年薪要达到52.5万美金，老板同意了；接着代理人要求这笔年薪必须被保证，老板也同意了；然后，代理人要求1986年弗兰克的年薪要到62.5万美金，老板思考后同意了；最后，代理人要求这笔年薪也必须被保证，这下老板不干了，并且否定了之前谈妥的所有条件。谈判彻底崩溃，弗兰克最后到西雅图的一个球队，年薪只有8.5万美金。

在这个谈判过程中，哪里不对劲了呢？代理人显得太过贪婪，表现在一次谈判中不断更新自己的要求。而真正的关键在于，"谈判是一个战略性沟通的过程"。这也是美国专家罗仁德教授对谈判的定义。你必须很好地管理谈判过程。在任何一个谈判中，你都不能只关注所谈的内容，而忽略了谈判到达了什么程度。

在谈判之前，每一位律师都会认为自己已经有了正确的答案。然而事实上，在谈判结束之前，并不存在正确的答案。因此，你需要花更多的时间来制定谈判战略。

如何使"不可谈"成为"可谈"呢？

在近代历史上，以色列和埃及之间充满仇恨，多次爆发战争。1967年，以色列在第三次中东战争中占领了埃及的西奈半岛。

然而，1979年，美国总统吉米·卡特却使这两个国家签署了和平协议，这是外交史上的一个奇迹。在当时的谈判过程中，卡特发现这两个国家从根本上关心的都是本国的安全问题。因此，1979年的和平协议中这样规定：以色列撤军西奈半岛，而埃及仅被允许在埃以边境地带部署拥有轻型武装的警察。这样双方都有了安全感。

美国培普丹大学法学院教授罗仁德说："要走到表象下面去发现别人真正关心的利益和动机。"

几年前，耐克公司请罗仁德为公司的300位销售人员进行谈判培训。为什么呢？原来这些销售人员只懂得销售，却不懂得怎么处理销售中出现的争议。

假设，销售人员希望请一家零售店销售耐克的产品，但这家零售店不愿意。原因是什么呢？因为，离这家零售店50米外就有耐克的专卖店。出现这种情况应该怎么解决呢？实际上，零售店是为了规避竞争。于是，罗仁德给出了一些建议，给零售店一定时间的特权，在这段时间里专门出售一款新品运动鞋，而在专卖店这款运动鞋是买不到的。

1992年出任外贸部国际司司长的龙永图也是一个谈判高手。在中国入世谈判中，他总结出一条这样的经验：要对谈判内容排出优先次序。"要知道对自己来说，哪些是可谈的，哪些是不可谈的，哪些是可让的，哪些是不可让的。不单要知道自己的次序，还要知道对手的次序。"

在入世谈判中，1999年，中国已经非常清楚自己的底线，那就是不能开放资本市场。但是在这个问题上，美国不断施压，还给出了一个要求中国开放汇率的时间表。后来，中国渐渐发现，汇率似乎对美国来说非常重要，但美国真正关心的是，中国最有竞争力的产业会不会对美国市场造成冲击。

当理清了谈判的千头万绪后，中国入世谈判代表团对三个条款稍微地让步，即特保、纺织品配额和非市场经济地位。尽管今天纺织品行业由于配额取消出现了问题，但龙永图认为，当初自己所作出的决定是正确的。"中国入世，停止了美国每年对中国最惠国待遇的审查。把大歧视变成小歧视，这是值得的。而且，与美国的关系是最重要的关系。"

谈判可以说是像跳舞一样的一种艺术。这种艺术的成功并不是消灭冲突，而是如何有效地解决冲突。因为每个人都生活在一个充满冲突的世界里，这就需要心理博弈的运用。如果你能运用博弈，抓住对方的心理，那么你就会在这场谈判中成为一个真正的成功者。

第七章 求人办事的心理博弈术

要想借别人的力来为我们办事，首先要从心理上让别人愿意为你办事，不妨先从学着了解他人的心理开始。这就要求我们能把他人所想变成我们所想，同时，根据他人的心理设计自己的求人策略，这样就会在求人时更有针对性，更容易得到他人的帮助。

办事要多长点心眼

人生不如意之事十有八九，我们在日常办事的时候也难免会遇到各种各样的困难，而坚韧的毅力，正是帮助我们办事成功、走出困境的法宝。

俗话说："世上无难事，只怕有心人。"办事要多长点心眼。

某校长治校有方，学校教学质量好，每年考上重点大学的人数很多，甚至超过了市里的重点学校。于是，很多家长都非常希望让自己的孩子到这个学校读书，但是学校资源有限。所以每到9月1日新学期开学前，该校长必定东躲西藏。

白天在学校，他让两个很负责的门卫挡住所有的关系户。但电话挡不住，于是规定，凡是找校长的电话，一律答复"校长开会去了"。有人到家来找，也由家人通知：校长不在。这样一来，校长的确清静了许多。

不过，很快就遇上一位有"心"的家长，一个孩子的母亲直接找到了校长家中，听说校长不在家后，沉默了一会儿，说："我就坐在门口等他。"说完，就坐在楼道台阶上等了起来。

校长妻子并没有当回事，关上门，做自己的事。直到很晚的时候，她察觉门外有动静，打开门一看，见那位母亲还坐在台阶上。

"你怎么还不回家？"

"等校长呀，我想校长再忙，可总要回家睡觉的吧。"

"不过，有时也可能不回来。"校长妻子以为这句话可能会把这位母亲的决心打退。

"那没关系，反正今天我一定要见到校长。我家孩子本来够分数线的，不知道为什么被挤了下来，我只是想找校长要个公平，我一定要见他。"她坚决地说。

她们又交谈了几分钟，校长妻子被这位母亲诚恳的语言所打动，将其请进屋里。对她说："其实校长一直都在家，只是找他的人太多了，而且他们很多人都拿着某局长、某亲戚的条子，甚至还有人来送礼，校长也是实在没有办法呢。"

这位母亲见到了校长，对他陈述了孩子的问题。校长对她说："对不起，让你等了这么久。明天我一定给你查找原因。你先回去吧。"

第二天上午的时候，她又到了学校。这次，她没有去找校长，而是一直在学校的办公楼前徘徊。校长看到这一幕，体会到这位母亲的良苦用心。立刻打电话向有关部门询问此事，结果证明只是一时的疏漏，对方答应迅速解决。

于是，校长告知她，这次可以放心地回家等通知书了。

世上无难事，只怕有心人。当你真正把心思完全放在办事上，就能找到更为管用的办事方法。

聪明人在办任何事的时候都有信心完成它，他们有着强烈的成功欲望。正是这种欲望，化成一种积极的感情，它能帮助人们释放出无穷的热情、智慧和精力，进而帮助我们取得办事的成功。

那么，在办事的时候，怎样才能称得上是个"有心人"呢？

办事要有积极主动的态度，要想达到办事目的，就需要我们积极主动。积极主动的人都是不断追求的人，他凡事都积极面对，积极承担，直到把事办好。而那些消极被动的人，往往愿意给自己找借口拖延，遇到难办的事，总是能拖则拖，能躲则躲，最后一事无成。

办事要有魄力，魄力令我们积极振作，勤奋不懈，勇于挑战生活中所遇到的各种事情。魄力是一种精神力量，也是我们办事的一种智慧，它能引导我们走出暂时的困境，看到新的远景和新的希望。

办事时一定要相信自己。"世上无难事，只怕有心人"。这句话中的"有心"，也可以理解为信心，一种成功的信心，相信自己能办成事的信心。有信心的人办事的时候，总是显得稳健安定，仪态优雅，从容机智。缺乏信心的人则优柔寡断。

办事时要善于思考。"有心人"办事时，善于全面思考问题，为办事成功做出最大的努力。这种人思考的结果是：他们总能找到办事的方法和技巧，为顺利办事找到最简捷的途径。任何难事在周密的思考后，都可以变得简单。所以，善于思考的人更容易将事办成。

办事要有坚持到底的勇气。坚持到底的勇气是办事成功的前提和基础。当前进受阻出现僵局时，我们的直接反应通常是烦躁、失意、恼火甚至发怒。然而，这无助于事情的解决。我们应理智地控制自己，用坚持到底的勇气化解这些，从而达到办事成功的目的。

聪明人在任何时候都做"有心人"，他们留心事情的发生和发展的过程，运用自己的精神和智慧迎接一切挑战，他们最终以自己顽强的态度和做事技巧，达到自己的办事目的，世间没有什么解决不了的难题，只要真正用心去面对，任何难事都可以迎刃而解。

激起别人的同情心

社会上的大多数人都具有同情心，如果求人办事的时候能激起别人的同情心，那事情就好办多了。

一般来讲，用情感打动人，激起他人的同情心，比滔滔不绝地讲大道理更有效果。当然，这并不是说，当事人都要摆出可怜兮兮的样子。相反，当事人在请求解决问题时，应该激起听者的同情心，使听者从感情上与你靠近，产生共鸣。这就为解决问题打下了基础。

同情心可以促进听者对当事人的理解，但这并不等于说马上就会帮你解决问题。因为听者要考虑多方面的情况，有时会处于犹豫之中，甚至会抱着多一事不如少一事的态度，不想过问。这时候，当事人就得努力激发听者的责任感，要让听者知道，这是他职责范围内的事，他有责任处理此事，而且能够处理好。

有一位老妇人向正在律师事务所办公的林肯哭诉她的不幸遭遇。原来，她是位孤寡老人，丈夫在独立战争中为国捐躯，她只能靠抚恤金维持生活。可前不久，抚恤金出纳员勒索她，要她交一笔手续费方可领取抚恤金，而这笔手续费是抚恤金的一半。林肯听后十分气愤，决定免费为老妇人打官司。

法院开庭后，由于出纳员是口头勒索的，没有留下任何凭据，因而指责原告无中生有，当时的形势对林肯极为不利。林肯十分沉着、坚定，眼含着泪花，回顾了英国人对殖民地人民的压迫，爱国志士如何奋起反抗，如何忍饥挨饿地在冰雪中战斗，为了美国的独立而抛头颅洒热血的历史。最后，他说："现在，一切都成为过去。1776年的英雄，早已长眠地下，可是他们那衰老而又可怜的妻子，就在我们面前，要求申诉。这位老妇人从前也是位美丽的少女，曾与丈夫有过幸福的生活。不过，现在她已失去一切，变得贫困无依靠。然而，某些人还要勒索她那一点微不足道的抚恤金，有良心吗？她无依无靠，不得不向我们请求保护，试问，我们能熟视无睹吗？"

法庭里充满哭泣声，法官的眼圈也红了，被告的良心也被唤醒，也不矢口否认了。法庭最后通过了保护烈士遗孀不受勒索的判决。

没有证据的官司很难打赢，但林肯成功了。这应归功于他的情绪感染，激起了听众及被告的同情心，达到了理智与情绪的有机统一，起到了征服人心的作用。

人们往往喜欢尽量表现得比别人强，或者努力证明自己是有特殊才干的人。一个真正有能力的领袖是不会自吹自擂的，所谓"自谦则人必服，自夸则人必疑"就是这个道理。

美国著名政治家帕金斯三十岁那年就任芝加哥大学校长，有人怀疑他那么年轻是否能胜任大学校长的职位，他知道后只说了一句话："一个三十岁的人所知道的是那么的少，需要依赖他的助手兼代理校长的地方是那么的多。"就这短短的一句话，使那些原来怀疑他的人一下子就放心了。

求人办事，感动别人来帮助你，再好不过了。但要感动别人，就得从他们的需要入手。你必须明白，要一个人帮你做事情，唯一有效的方法就是使他自己心甘情愿。同时，还必须记住，人的需要是各不相同的，每个人都有癖好偏爱。只要你认真探索对方的真正意向，特别是与你的计划有关的，你就可以依照他的偏好应对他。

首先你应让自己的计划适应别人的需要，这样你的计划才有实现的可能。比如说服别人最基本的要点之一，就是巧妙地诱导对方的心理或感情，以使对方就范。如果你特别强调自己的优点，企图使自己占上风，对方反而会加强防范。所以，应该先点破自己的缺点或错误，使对方产生优越感。

此外，有些被求者因为帮助了你，有恩于你，心理上会不自觉地产生一种优越感，说不定还要对你数落一番。当你认为自己可能被人指责时，不妨先数落自己一番，当对方发觉你已承认错误时，便不好意思再指责你了。

在办事过程中，你要努力做到这一点——先在心理上满足对方，那么对方才有理由为你办事。

求人办事要会利用恻隐之心

恻隐之心，人皆有之。在这世界上有很多人都是"吃软不吃硬"，生活中，在应对这类人的时候，我们就必须引发对方的恻隐之心，软化了他们的心，就容易赢得他们的支持和帮助了。

据说，汉武帝有个奶妈，自恃皇帝是她的干儿子，所以经常在外面做些犯法的事情。汉武帝知道后，准备把她依法严办。奶妈见皇帝真发脾气了，害怕得要命，于是便跑去求东方朔，请他在皇帝面前求个情。

东方朔听了奶妈的话后，说道："奶妈，这件事情，只凭嘴巴来讲，是没有用的。"他接着又说："你真要我救你，而且有希望帮得上忙的话，那你得听我的。当皇帝下命令办你，叫人把你拉下去的时候，你什么都不要说。皇帝要你下去，你就下去。但你要记得，走两步，便回头看皇帝一眼，走两步，再回头看看皇帝，千万不可要求说：'皇帝，我是你的奶妈，请原谅我吧！'否则，你就会人头落地。你什么都不要讲，喂皇帝吃奶的事更不要提。这样或许还有万分之一的希望可以保全你。"

到了查办的那天，当汉武帝叫左右把奶妈拉下去的时候，奶妈就照着东方朔的吩咐，走一两步，就回头看看皇帝，并且鼻涕眼泪直流。东方朔还站在旁边添油加醋地骂道："你这个老太婆，神经嘛！皇帝已经长大了，还要靠你喂奶吃吗？你就快滚吧！"本来查办奶妈，汉武帝心里就特别难过，心里一直在想，自己是奶妈一手带大的，现在却要把她绑去砍头，这实在是不孝啊。现在又听到东方朔这样一骂，心里更是不好受，心想还是算了吧，再给她一次改过的机会，于是就赦免了奶妈的罪。

这件事在历史上只是一件微不足道的小事，但小中可以见大，它对我们求人办事具有很好的启示作用。柔水可以穿石，硬金刚往往敌不过绕指柔。人其实都很感性，只要你能博得他人同情，你所求之事十有八九都可以办到。

假如东方朔直接跑去恳求汉武帝说："皇帝，不管奶妈做过什么，她总是你的奶妈，免了她的罪吧！"那样皇帝很有可能会发更大的火。也许汉武帝会反驳说："奶妈又怎么样？奶妈就可以不顾律法，胡作非为吗？如果这样徇私枉法，那以后还怎么管理朝廷，怎么管理国家？"这样一来，奶妈肯定就没救了。而东方朔通过利用奶妈的眼泪和他的谩骂来打动汉武帝的恻隐之心，从而不需要亲自替奶妈求情，皇帝自己就因念及旧情而后悔了，心甘情愿地放了奶妈。打动他人恻隐之心的威力的确不可小瞧。

想一想，当你遇到下面这种情况时你会怎么办？

你为了某件事同某个人争论不休，当你占据了情、理、法，各项事实完全对你有利，而让对方毫无辩解余地时，对方突然泪流满面地求你饶恕，你怎么办？你是说：好啊，这会儿你无话可说，任凭我处置了吧！还是说：噢，对不起，我不是故意要让你难堪，或许我火气大了些？只怕绝大多数人都会选择后者，而且肯定还有人会更进一步说：别哭了，我答应你就是了，你要怎么做就怎么做好了。

同理，如果要想找人帮忙把事情办好，那么就必须在人之常情上下一番工夫，把自己所面临的困难说得在情在理，令人痛惜惋惜、可悲可惜。而且，越是给自己带来遗憾和痛苦的地方，越要大加渲染，最好能做到声泪俱下。这样，你所求之人才愿意以拯救苦难的姿态伸出手来帮助你办事，让你终生对他感恩戴德。

比如，推销员推销产品时，很可能遭到客户的拒绝，但如果过去了一段时间之后，他又坚持不懈地再次来了，当客户看到他汗水淋淋，满脸疲惫，却还保持微笑时，再不买就觉得实在过意不去了，于是就会买一点。

落雨下雪也是推销员上门推销的好日子。外面下着雨，别人都躲在家里，而推销员却站在门口，不能不使人产生同情心，因而难于拒绝。虽然我们都很清楚地知道，这是推销员所采取的一种策略，但毕竟他要冒着雨雪这样做，对此没人能无动于衷。

这种方法，就是巧妙地利用了人的恻隐之心。本来不打算买账的人，也会产生"再也不能让他白跑了"的想法，不然他们就会有一种心理负担和欠人情债的感觉。要使对方做大幅度的退让，就要能够让对方多积累些微小的心理负担，当这种心理负担扩大到一定程度时，人的恻隐之心也就被打动了，对方自然就会让步了。

世界上没有真正冷血的人，仁慈心、同情心是人类情感世界中最基本的组成部分，世界上每个人差不多都具有同情弱小和怜恤受难者的仁慈感情。利用这种人性中善良的光辉可以照亮自己的世界。当我们求人办事别无他法时，就试试感情这个武器。只要看清对象，用准方法就一定能够打动对方的恻隐之心。恻隐之心一旦被打动，那么心肠再硬的人也要缴械投降。

瞄准对方心理弱点出击

如若你想让一头牛乖乖地跟你走，最好的办法就是牵住它的鼻子。做事情也是如此。在做事的时候，所谓的"牛鼻子"就是指对方的心理弱点，在与对手交锋的时候，只要你能找到对手的"鼻"之所在，你就能掌握主动权，并且牢牢地控制住对手。

在日常生活中，我们有时会碰到一些软硬不吃的人。表面看来这些人似乎无懈可击，实际上这些人往往有着这样或那样一些怕被触及的致命的薄弱环节，一旦抓住了他的弱点，就必然会让他乱阵脚，低头求饶。

要抓住对方的心理弱点，就要在对方最重要、最害怕的地方下手，攻其一点，对方就只有乖乖听话的份了。

战国时期，有个名叫张丑的齐国人被送到燕国做人质，后来因为两国关系紧张，燕王就想把张丑杀掉。

张丑得到消息后，立即寻机逃走，但尚未逃出燕国边境，就被燕国的一个官吏抓住了。张丑见硬拼不行，急中生智，开始运用攻击对方心理弱点的办法。他镇定了一下，便对那个抓捕他的官吏说："你知道燕王为什么要杀我吗？"官吏摇头。

张丑接着说："是因为有人向燕王告了密，说我有许多财宝，但实际上，我并没有什么金银财宝，燕王偏偏不信我。"张丑说到这里停顿了一下，接着又说："我被你捉到，你会有什么好处呢？"

"燕王悬赏一百两捉你，这就是我的好处。"

"你肯定拿不到银子！如果你把我交给燕王，我就对燕王说，是你独吞了我所有的财宝。燕王听到后一定会找你要宝，你拿不出，他自然会暴跳如雷，到时候你就等着陪我死吧！"张丑边说边笑。

官吏听到这里，心开始慌了，他越想越害怕，最后真的把张丑放了。

张丑得以死里逃生，全靠他的一番话，这番话的成功之处就在于找准了这个官吏的心理弱点，然后一击而中。

其实任何人都有一攻就垮的弱点，假如我们能够找到它，并善加利用，将会对我们的事业有莫大的帮助。要找到别人的心理弱点，光靠有决心是不够的，还需要学会洞察别人的内心，从对方的性格特征入手，这样你才能找到对方的弱点，拿到开启其心房的钥匙，轻松地打开对方紧闭的心门，成功地把事情办好。

第二次世界大战时，美军俘虏了两位德国密码专家，并截获了一份非常关键的密码。美军破解密码的官员想了多种方法还是没能将这份密码破解出来，于是便想让那两位德军俘虏开口，破解出密码。可是，德军战俘很难对付，不管是用酷刑折磨，还是用金钱美色利诱，就是不开口。后来，一位美军军官想出了一个办法，没费多大力气就获得了正确的情报。他是怎么做的呢？

原来，这位军官找到了德军的一个致命弱点，那就是德国人做事情时惯有的认真和严谨。这位军官把那份截获的密码打乱，然后嘲笑两位德国俘虏缺乏专业水准。两位德国专家看到美军这样糟蹋自己编写的密码，非常生气，对待科学的严谨精神和认真态度，促使他们将密码恢复原貌。他们不仅一边把密码的顺序理清，一边还向这位军官解释为什么要这样排列。就这样，美军顺利地弄清了密码的内容，促进了战事的推进。

再比如，三国时，东吴吕蒙袭击荆州，最后打败关羽，成功的关键也在于事前找到了关羽骄傲自大、目中无人的致命点，并巧妙地利用了他的弱点，使荆州防守空虚，才一袭得手。

当所办之事在正常渠道下行不通的时候，有必要拣对方"最弱处"下手，在对方最害怕的地方开刀。如果事情关系到对方最关心的事物时，对方就会让步了。

而天下最难以捉摸的就是人的内心，如果我们能够剖析别人的所言、所想、所行，想方设法了解别人的心理弱点，就能够有效地与之沟通，提高自身的办事能力。这就如同看病找到病因和治疗的切入点一样，只有找到了病因和治疗切入点，才能"对症下药"，才能收到"药"到"病"除的效果。

办事情，要找准对方的"病症"所在，就要在平时多下点功夫，多观察了解对方在日常生活的言行举止、处事方式和思维习惯。只有这样才能发现对方性格上的弱点，然后对症下药，最终制服并控制对方。真正的办事高手眼光雪亮，能够洞察对方的五脏六腑，抓住对方的弱点，在适度的分寸中，调动对方，让对方跟着自己转。

找准对方的心理弱点出击，这是做事成功的规律，更是做事的高明手段。

诱导能把事情办得更好

在求人办事过程中，我们经常也会遇到一些不肯合作的人。这时我们如果使用强硬手段，不仅解决不了问题，而且还可能令双方关系闹僵。所以，对于这些人，我们最好采用诱导的方法。这样更有利于我们达到目的。

李焱是一家银行的职员。一天，一个年轻人走进银行要求开一个账户。李焱照例给他一些表格让他填。对于表格上的有些问题年轻人心甘情愿的回答了，但有些他却拒绝回答。

按照银行规定，拒绝对银行透露相关材料的话，就不予开户。但是李焱知道，如果断然拒绝开户的话，必定会使对方产生不快情绪，从而影响顾客对银行的看法。于是她决定采用诱导的方式，使这个年轻人心甘情愿地填写所有资料。

李焱首先不和年轻人谈论银行所要求的资料，而谈论对方所需要的东西。最重要的是，她决定在一开始就使他说"是，是"。

因此，她不反对他的做法，而是对他说："你拒绝透露的那些资料，并不是绝对必要的。但是，假如你把钱存在银行一直等到你去世，难道你不希望银行把这笔钱转移到你依法有权继承的亲友那里吗？"

"是的，当然。"他回答道。

李焱继续说："你难道不认为，把你最亲近的亲属的名字告诉我们是一种很好的方法吗？万一你去世了，我们就能准确而不耽搁地实现你的愿望。"

他又说："是的。"

在回答了李焱一个个诱导性的提问后，年轻人发现银行需要的那些资料其实并不是为了银行本身，而是为了客户着想，于是他的态度渐渐软化下来，并转变了想法。

在离开银行前，那位年轻人不但告诉了李焱所有关于他自己的资料，而且在李焱的建议下，还开了一个信托户头，指定他的母亲为受益人，同时还很乐意地回答了所有关于他母亲的资料。

李焱的办事技巧就在于一开始就让年轻人说"是，是"，让他在"是"的诱导中忘记自己原先所关注的问题，从而乐意去做李焱所建议的事情。

诱导别人去做某件事情的方法，除了李焱使用的让人说"是"的方法外，还有就是刺激欲望法。也就是首先引起别人的兴趣，最好给对方一个强烈刺激，使对方在做这件事时有一个要求成功的欲望。在此情形下，他的兴趣被激发起来了，他被一种渴望成功的意识感染了。于是，他就会很高兴地为了一次愉快的经历再答应尝试一下。

美国《纽约日报》总编辑雷特身边缺少一位精明干练的助理。雷特的目光瞄准了年轻的约翰·海。而当时约翰·海刚从西班牙首都马德里辞去外交官职务，正准备回到家乡伊利诺伊州从事律师职业。雷特知道如果他直接邀请约翰·海担任助理肯定会被拒绝，于是他决定采取诱导的方式。

雷特首先不提任职的事，只是友好地邀请约翰·海到联盟俱乐部吃饭。饭后，他提议约翰·海到报社去玩玩。到报社后雷特从许多电讯中间，找到了一条重要消息。当时恰巧国外新闻的编辑不在，于是雷特对约翰·海说："请坐下来，帮我为明天的报纸写一段关于这个消息的社论吧。"约翰·海当然无法拒绝，于是就提起笔写了这段社论。

社论写得十分精彩，于是雷特表示非常感谢，并恳切地请约翰·海再帮忙顶缺一星期、一个月，渐渐地就干脆让他担任这一职务。而约翰·海也由于干得得心应手，就这样在不知不觉中放弃了回家乡做律师的计划，而留在纽约做了一名新闻记者。

可见，要想使自己的计划得到他人的热心参与，就可以先诱导对方尝试一下，让对方先做一些容易的事情。这些容易成功的事情，往往会带给对方一种兴奋的成就感，从而促使对方愿意更进一步地加入深层次的工作。

所以我们平时求人办事时，也应学着从揣摩对方心理入手，在摸清对方心理后，顺着对方的心思，围绕自己的目的，委婉地提出请求。也就是说，先通过对方无意中显示的态度，了解对方的心理，捕捉到对方比语言表露更真实、更微妙的思想，然后再量体裁衣，选好时机和话题，逐步将对方引到自己想求想办的事情上来。

营造声势博取信任

营造声势——博取对方的信任，通常是成事的上策。分析对方心理，针对对方怀疑的方面，营造声势，制造一个假象，吸引对方注意、打消对方的疑虑，是成功办事的有效方法之一。

在求人办事的时候，若想使所求之人答应自己的要求，必须要有取得对方信任的资本。如果你没有这些资本，那就最好运用虚张声势的方法，制造有奇货可居的假象，以取得对方的信任，这样你所要办的事情才有可能成功。

在日本的横滨，有一位叫山下龟三郎的小煤炭商。为了把生意做大，他以自己的小煤炭店为抵押，向银行借了一笔款作为活动经费，开始实施他的新计划。他打听到神户新开张了一家商会，老板是松永，很有实力。山下龟三郎想同松永做生意，但由于位卑财弱，松永根本不会把他放在眼里。于是他拐弯抹角，认识了松永的父亲福泽从前的一个老部下秋原，并请秋原修书一封向松永推荐自己。山下龟三郎拿到秋原的信后，先是来到神户最豪华的西村饭店，订了一桌宴席，然后请饭店服务员拿上他的请帖和秋原的信去请松永。松永看了秋原的信，二话没说就来到西村饭店。

山下龟三郎热情地迎接了松永，寒暄一番后进入正题。山下龟三郎的意思是要松永向他提供大批煤炭，由他转卖给其他的煤炭零售店。松永害怕受骗，犹豫不决。因为这样干，等于山下龟三郎不付分文，不承担任何风险，有风险的人只是松永一人。

山下龟三郎早料到松永会犹豫，他把一位女服务员唤了过来，对他说："明天我到大阪炮兵工厂去办事，请你帮我买点神户特产瓦煎饼来。"说着从怀里掏出一叠每张10万元的钞票来，随手抽出两张递了过去，然后又抽出一张递去说："这是给你的小费。"松永在一旁看了，暗中吃惊，断定自己是遇上了一位百万富翁，于是当场表示愿意发货，生意就这样成交了。

山下龟三郎向松永表示了感谢，便推说有点小事，疾步走出餐厅来，追上了那位服务员，把那30万元全部都讨了回来。晚宴过后，他立即启程赶回横滨，因为他住不起西村饭店的豪华房间。

从此以后，松永把煤炭发给山下龟三郎，山下龟三郎再转卖给其他零售商，收款后再交给松永。就这样，年复一年，他发了大财，改行当上了日本的汽船大王。

业务介绍信，饭店里设宴谈生意，给招待员小费，这些都是商界中司空见惯的小事。山下龟三郎就是利用这些极为平常的小事，来显示自己有雄厚的实力，以使对方认为自己真是一个有着金山银山的大老板，从而达到自己的目的。

世间的事情有时就是这样，说难也不难，说复杂也不复杂。你若懂得虚张声势，你就可以"无中生有"，由小变大。

比如说，你工资微薄，而你又急需一笔贷款。那么你要如何做才能在银行贷到钱呢？

如果你可怜巴巴地走进银行的贷款部门，对银行职员说："请你帮帮忙，我急需一笔钱才能走出困境，使家人免于挨饿。我没有任何东西可以抵押，但是我发誓，我一定会努力工作，偿还借款。请您发发善心，贷给我一笔款子吧。"可想而知，这样的乞求就算能博得同情，也是无法得到货款的。

相反，如果你想方设法，穿上高贵而华丽的衣服、名牌的皮鞋，戴上昂贵的金表，另外再找上两三个朋友做侍从，他们同样也穿着高贵气派。当你们气宇轩昂地走进银行大厅时，银行贷款部门的人一定会笑脸相迎。你越是装出一副不屑一顾的样子，他们越会主动向你推荐他们贷款的优厚条件。

这正是卡特政府联邦预算主管伯特·蓝斯获得金钱的理论。他营造声势，借着"我不需要你们的臭钱"的谈判术，从41家银行贷了381笔款，款项高达2000万美元。

营造声势的办法，就是钻别人不知自己底细的空子，对自己进行包装。如果你一无所有，没有任何可供利用的资本，就只有采用"无中生有"的办法；如果只有有限的一点优势，你就可以把这种优势夸大，把仅有的资本集中在一个点上，让对方只看到你强大的一面，从你侧面的强大，对你的整体实力产生错觉。

在运用营造声势的办事方法时，我们可以参照以下一些技巧：

第一，写满通讯录和记事本。

如果把写得密密麻麻的通讯录和记事本有意无意地拿给别人看，就会给对方造成能干的感觉。因为在人们眼中，整日繁忙、交际广泛的人大多不会是无能之辈。这样的人就算有事求人，也会给对方以优厚的回报。

第二，善于借用社会舆论力量。

无论做什么事情，单靠个人的力量是不行的。当你有了一些新的想法时，为了说服对方与你合作，就得有意识地把与你观点相同的人拉在身边，让他们作为你的后盾。没有他们，只靠你自己是很难说服对方的。因为在一般人眼里，单枪匹马做事的人多属心血来潮，而有了其他人的支持则大不相同了，对方会认真考虑你的问题。他会想：既然有这么多的人支持你，你的想法肯定有一定道理。

第三，常常表现自己的忙碌。

当被对方问及近况时，要回答："忙得很，时间都不够用！"之类的话，并且显露出一副满足的表情。这样会让人觉得你很成功，因为真正的强者每分每秒都很珍贵。借着声称自己忙碌，可以展示自己的能力，表明自己并非泛泛之辈。如此一来，对方与一个大忙人见面的胃口就会被吊起来。

第四，向别人展示自己，编织宏伟蓝图。

一般来讲，让别人钦佩自己的方法很多，其中最有效的方法是让人感到你比其他人更有发展前途。为了表现你的发展潜力，就有必要为自己编织一幅美丽、宏伟的蓝图。虽然这幅蓝图不一定能实现，却能给人很好的印象。对方会不知不觉地认为："切不可小瞧了他，这家伙很有可能干出一番轰轰烈烈的事业来。"

巧妙激将，促事情成功

俗话说得好"劝将不如激将"，善用巧妙激将，更能易于做事成功。因此，求人办事时，在坚持为对方做循循诱导的同时，适当运用激将法是促使事情取得成功的有效方法。所谓的激将术指的就是激将者从自己的目的出发，利用对方的自尊心和逆反心理，故意用反面的言语和行为刺激对方，以唤起对方的自尊，激起其"不服气"的情绪，使其产生一种奋发进取的"内驱力"，将自己的潜能充分发挥出来，去完成激将者想要他完成的任务，只要施计者因人而异，考虑语言的分寸，把握住适当的时机，往往能收到不同寻常的良好效果。

唐天佑年间，叛臣朱全忠在晋王李克的十三太保李存孝死后，发兵来犯，朱全忠帐前大将王彦章不仅勇猛盖世，且智谋过人。晋王将士皆哑然相对，无人请战，晋王长子李嗣源说道："昔日降将高思继闲居山东郡州，何不请他迎敌？"晋王听后就让李嗣源前往山东求高思继。

李嗣源来到山东郡州，直奔高家庄寻找高思继。但见到高思继后，高思继却说，"自勇南公李存孝擒我并饶我性命后，我回到老家，耕种土地，与世无争，到现在已经很多年了，我早把征战之事置之身外。今日你我相见，就别谈这些。"李嗣源见高思继已无出山之意，心中暗想：自古道"文官言之，武将激之"，对高将军好言相求，难以收效，必须巧用激将之法，激其就范。于是，他编出一通谎言，说道，"天下王位，各镇诸侯，皆闻将军之名，如雷贯耳，称羡不已，我与王彦章交兵被他赶下阵来，我对王彦章说：'今来赶我，不足为奇，你如是好汉，且暂时停战，我知道山东浑铁枪白马高思继，盖世英杰，有万夫莫当之勇。待我请来，与你对敌。'王彦章见我阵前夸耀将军，愤然大叫，'就此停战，待你去请他来，不来便罢，若到我这宝鸡山来，看我不把他剁成肉酱！……'"高思继听此一说，不禁被激得心头起火，口中生烟，对着家丁大叫："汝快备白龙马来，待我去生擒此贼！"接着披挂上马，奔往宝鸡山，大战王彦章。"

高思继本来已经看破沙场红尘，决心弃武从耕，安度田园生活。李家虽对他有再生之恩，但正面动员他出山重返军旅时，他却以"与世无争"为由相拒。然而，当李嗣源借用谎言激他时，他却毅然披挂上马，重返战场，可见激将励志的确是说服他人的一个重要手段。

在三国时期，诸葛亮智激孙权、周瑜，促使他们痛下抗曹决心的故事，也是巧用激将法的典型例子。诸葛亮来到东吴，判断孙权有很强的自尊心，知道难以用言语说动他，便打定主意用言语激他，毫不委婉地建议他如果不能早下决心抗曹，不如干脆投降算了，最终坚定了孙权抗曹的决心。而对于周瑜这种心胸比较狭窄，自尊心又非常强的年轻人，诸葛亮知道用一些稍带轻蔑性的言语，能更有效地刺激他主战的决心，于是诸葛亮巧妙地引用了曹植《铜雀台赋》中"揽二乔于东南兮，乐朝夕之与共"的句子，有效地刺激了周瑜的神经，经过诸葛亮的一番巧妙激将，刘备很快就与东吴订下了联合抗曹的大计，从而成就了魏、蜀、吴三国鼎立的局面。

诸葛亮之所以成功，在于他深刻分析了孙权、周瑜二人的性格，用机智犀利的语言刺激他们，激起他们的自尊和不服情绪，从而几句话就起到了四两拨千斤的奇妙效果，最终使二人痛下决心，联合抗曹。

使用激将法往往能够使被说服者感情冲动，从而去做一件在平日里他可能不会去做的事；激将者还可以激起对手的愤怒感、羞耻感、自尊感、嫉妒感或羡慕感等，导致对方情绪高涨，在这种情况下，处于激动之中的对象便不知不觉地顺从了激将者。

一般使用激将法有以下几种策略：首先，吹捧对方，故意给人戴高帽，以赶鸭子上架；或者故意贬低，挑起好胜之心。其次，吹胡子、瞪眼睛、敲桌子、点鼻子，惹人发怒。最后，冷冷冰冰，或佯装不信，使人吐露真言。

归根结底，人都是有感情的。所以在求人办事时，可以采用激将法，想方设法激起对方情绪上的冲动，来激发人的积极性，调动其做事的热情和干劲，对于血气方刚、好感情用事的人，如果要求他办事时，不妨摸透其心理，采用一下激将法。在激将法下，他可能会竭尽所能，并动用自己所有的关系，尽力帮你把事办好，以显示其威力。在使用激将法时，需谨记：激将能成否，一是看忍功耐心，谁更冷静；二是要做到天衣无缝，使对方察觉不到自己的真实意图。作为施计者，一定要扮演好自己的角色。

不轻易表露自己的意图

一个人学会隐藏自己的意图非常重要。一方面，它可以使你始终保持清醒的头脑，避免自误；另一方面，也可以借此迷惑你的对手和敌人，减少他扰，等到他们惊觉时，你早已是一骑绝尘，他们也只有望洋兴叹的份了。

曾国藩练兵时，每天午饭后总是邀幕僚们下围棋，一天，忽然有一个人向他告密，说某统领要叛变了。告密人就是这个统领的部下，曾国藩大怒，立即命令手下将告密者杀了示众。一会儿，被告密要叛变的统领前来给曾国藩谢恩。曾国藩脸色一变，阴沉着脸，命令左右马上将统领捆绑拿下。

幕僚们都不知为什么，曾国藩笑着说："这就不是你们所能明白的了。"说罢，命令把统领斩首了。他又对幕僚们说："告密者说的是真实的，我如果不杀他，这位统领知道自己被告发了，势必立刻叛变，因此我杀了告密的人之后，就把统领骗来了。"

还有日本的前围棋高手高小秀格，曾以"流水不争先"为座右铭。他在和别人对弈时，常把阵式布置得如同缓缓的流水一样悠闲散漫，让对手掉以轻心，丝毫不加戒备。但一经发动自己的攻势却能在瞬间聚涌流水波澜中所蕴藏着的无限能量，使对手在惊慌失措中迅速被击溃，投子认输。这种"明修栈道，暗度陈仓"的做法，无论是在战场、官场还是商海中，屡见不鲜，而且往往能够出奇制胜，收到奇效。

唐高宗时，吐蕃国势力日渐强大，引得西突厥归附。唐朝干预吐蕃国的吞并活动，结果导致双方的和亲关系破裂。唐朝声明对付吐蕃，并封西突厥酋长阿史那都支为左骁卫将军，让他与吐蕃脱离关系。

阿史那都支表面上臣服唐朝，暗地里却仍与吐蕃联手，一起侵扰唐朝西境。

唐朝欲发兵征讨西突厥，吏部侍郎裴行俭启奏唐高宗说道："现在吐蕃强盛，西突厥已表示与我朝修好，我们不便公开两面用兵。现在波斯王去世，其子泥涅斯作为人质还在我京师，不如遣使把泥涅斯送回国去继位。途经西突厥时趁机行事，或许可以不战而降西突厥。"唐高宗听后觉得有理，遂命裴行俭为使者，护送波斯王子回波斯继位，实际上则是要借机降服西突厥，阿史那都支也知道裴行俭一行的目的绝非这么简单，也派遣了不少刺探，以便不断向他报告裴行俭的一举一动。

公元679年盛夏，裴行俭到达西州，西州众官吏都出城迎接。裴行俭召集西州的豪杰子弟千余人跟随，四处扬言说天气实在太热，不想急急远行，等到天凉之后再启程西行。

阿史那都支本来担心裴行俭会趁势猛攻，如今听说裴行俭要留在西州，天凉时才会来西突厥，自然万分高兴，一下子放松下来，到处寻欢作乐，消磨难熬的酷暑，丝毫不加防范。

裴行俭又召集西州四镇的酋长，对他们说道："以前我在西州时最喜欢打猎，现在正好闲着没事，我想重游旧日猎场，同时游遍各地，不知谁愿与我同行？"当地人本以游猎为生，一听此言，所有酋长子弟及下属，都欣然应声同行。裴行俭又说："你们既愿与我同行，就应该听我约束。"众人自然又齐声应允。

于是裴行俭精选其中的万余人马，编成队伍以打猎为掩饰，暗中加以操练，待时机成熟，他便急令队伍抄小路向西快速行进，过不了几日便来到了阿史那都支的部落附近。在离阿史那都支大帐10余里的时候，裴行俭派遣使者去向阿史那都支问候。

阿史那都支见唐使突然来到自己的营帐，异常惊慌。后来见使者安详平和，也不指斥他与吐蕃暗地勾结串联之事，更没有要讨伐的意思，这才慢慢放下心来。本来阿史那都支已与部下商量清楚，从现在开始积蓄力量，单等秋凉时与唐军决一雌雄。如今唐兵冷不防地来到眼前，负隅顽抗无异于自取灭亡，而且从唐使的态度上看，唐朝似乎还不至于马上动手，干脆与之周旋，故意装出一副尊唐的样子，只率子弟亲信500余人前去拜访裴行俭，裴行俭表面上表示欢迎，暗地里却早已设下埋伏，一等阿史那都支等人进入营帐，号令立下，伏兵从四处涌出，500余人被悉数拘禁起来，裴行俭兵不血刃，擒获了西突厥的酋长，大功告成，然后令波斯王子自己回波斯去，留人护防安西都护府，修筑碎叶城，巩固边防。一切善后的事完毕后，裴行俭自己押解俘虏东进凯旋。

老百姓常说："不出声的猫逮大耗子。"确实，聪明的人做事总能在不经意间轻易取得成功。世事虽然难料，但真正的竞争之道应该是：以正和、以奇胜。

求同事办事的心理博弈

社会上有许多人总说自己事业无成、办事不顺是因为"运气不好""没有背景"。而事实上一个人的成功是以他的人际关系为媒介的。虽说始终有不少人唯心的将好运视为非人力所能控制的神秘力量，不可讳言，部分好运的确是偶然性所带来的，但大部分的好运都离不开良好的人际关系的帮助。对职场中人来说，与同事关系的好坏，是你在工作中办事成功与否的关键因素之一，它几乎可以影响一个人的前程、命运。

具体来说就是你周围的同事们，可以左右你在工作中的好运。拓展你的同事关系，就等于在营造你的成功路、事业网。

周元在一家培训公司打工，他们部门的黄主任看他在公司人缘很好，又很上进，非常有工作能力，所以十分看好他，平时也喜欢和他一起讨论工作上的问题，私下也经常和周元谈心。正是这位前辈的提携，令周元迅速完成了从打工仔到老板的飞跃。

精通培训业务的周元有一个梦想，就是希望能有机会独当一面。黄主任正是为周元的梦想搭建舞台的人。他引见了一位报社的领导给周元，双方在交谈之后一拍即合，决定在这个报社的下属单位成立一个新的培训部门，这个部门由周元负责，主要是开办高级管理培训课程。

当时美国最大的培训公司之一想在中国开展业务，周元和他们达成协议，由周元为他们做免费宣传，而这家公司则从美国请来著名的学者为周元的管理培训课程授课，不收取任何费用。报社为此觉得非常满意，因为这么有名的大人物对提升报纸的品牌大有裨益。而这家培训公司也觉得很满意，顺便为他们做了宣传和推广。

周元的事业成功了，同时也因为培训课程吸引了很多实业界的老总参加，给周元的事业打开了一片新的天地。

同事是平常工作中联系最为紧密的人，如果能与他们搞好关系，办起事来就会如鱼得水，甚至能够帮助自己登上一个新的台阶。反之，与同事搞不好关系，你也就很难拥有自己真正的事业。

美国总统罗斯福曾说，成功的第一要素是懂得如何搞好人际关系。事实的确如此，在美国曾有人向2000多位雇主做过这样一个问卷调查："请查阅贵公司最近解雇的三名员工的资料，然后回答：解雇的理由是什么？"结果是无论什么地区，何种行业的雇主，2／3的答复都是：因为他们没能与同事搞好关系。

一个充满热情、待人和善、善于交往的人，同事必然乐意与之接触、给予较高评价，并且互相帮助，因为同事关系是办事最直接最方便利用的关系。

面对如今复杂的社会，人们在运用关系网办事时，总认为同事之间只存在猜疑和忌妒，实际上这是一个错误的认识。在现实社会中，同事之间更需要搞好关系。一个人和家人相处的时间和与同事相处的时间几乎差不多，如果在办事过程中，不会利用同事关系，不但有些事办起来费劲，还容易让人觉得你没有人缘。

那么，我们该怎样运用同事关系办事呢？以下的心理策略需要铭记在心：

第一，要以谦和的态度去面对同事。同事不是朋友，一般都没有太深的交情。因此，求人办事时说话一定要客气，而且要以征询的口气与同事探讨，不能强人所难。同事觉得自己受到尊重，如果事情能办得到，自然会自告奋勇地去办，几句客气话，省却许多麻烦。办完事之后，一般不要用钱来表示谢意，客气几句，说声谢谢就可以了，如果执意要拿钱来表示，容易引起对方反感，因为同事之间办点事就接受物质感谢，会给别人留下坏印象。

第二，找同事办事要目标明确。同事之间了解得比较多也比较深，如果找同事办事藏藏掖掖，不把事情说明白，容易使同事产生你不信任他的感觉。因此，找同事办事，一定要先说明究竟要办什么事，坦言自己为什么办不了，为什么要找他。这样，让人感觉到你的真诚，精诚所至，同事只要能办到的事，一般是不会回绝你的。

第三，有些事不能找同事办。一些比较笼统不明的事一般不要去找同事办，找同事办事之前，先知道他的社会关系，以及他办起来是否有难度，只有掌握了解了这些情况，你才能做到张口三分利，也不至于叫同事左右为难。

一般情况下，自己能办的事尽量自己去办，有些事情，求同事办会让人感到你以老大自居，不把同事的腿脚当回事，这样既可能耽误事，又影响了同事感情。需要请客送礼的事不要托同事办，在单位里，请客送礼毕竟不是拿得上台面的事。如果同事不能直接办也得"人托人"，费尽周折，不如转求他人。和同事利益相抵触的事不能找同事去办，即便这利益涉及的是另一个同事。

工作中的同事关系很微妙，个性相差很大，这就要求在平时要与同事搞好关系，才有可能在关键时刻得到同事的帮助。搞好同事关系是一门艺术，所有的人都需要不断地学习和实践，才能臻于娴熟。要想搞好同事关系，你就需要根据自己的具体情况，做一个自我分析，从而冲破自我封闭的篱笆，虚怀若谷，去建立一个和谐的同事关系。

在家靠父母，出门靠朋友，在单位就要靠同事。懂得与同事搞好关系，拉近同事之间的心理距离，他就能在你办事时，助你一臂之力。

求朋友办事的心理博弈

朋友相交之初，总会有"苟富贵，勿相忘"的誓语豪言，可事实上，远非如此。生活中，有一些朋友在自己富贵发达之后，就忘了此话，逐渐与原先那些状况并未多大改善的老朋友疏远了，甚至忘掉了老朋友，躲着老朋友。

导致这种结果的原因是彼此之间的现状发生了变化，产生了距离，产生了像《故乡》中的"闰土"与"我"那样的距离：生活环境的距离，生活方式的距离，地位的距离，生活追求的距离，更重要的是心理上的距离，用老百姓的话来说，就是肩膀头不一样齐了，话说不到一起了。

导致老朋友之间不近不交的原因也许是多方面的。有可能是发达显贵的一方人格上产生了偏差，耻于与无权无势的旧友为伍了；有可能是他心情没变，因整天沉湎于繁杂的事务之中难以自拔，而无暇顾及旧友；也有可能是没有长进的一方，妄自菲薄，因自卑而羞于交往。无论怎样，两者的交情已不是窖藏的陈年老酒，越陈越香，而是将老酒搬到太阳光底下，敞开盖，味越来越淡了，最后有可能只剩下无滋无味的水了。处在低层的朋友如何向高层的朋友开口请求帮忙办事呢？当然，这肯定是被逼无奈非求不可的事了。因为跟老朋友说话总比跟陌生人开口好得多，在这种情况下不妨采用以下心理策略和方法。

第一种，以"礼"换心。

因多年不见，是老交情，带点礼物上门，是非常自然的，也是情感的体现。礼物不在多少，它能有把这多年没有交往的空缺一下子填补之功效。这礼物最好是对方旧友的嗜好之物，也可以是土特产。

当然，礼物不同，这见面时的说法也不同。若是旧友的嗜好之物，就说是"特意带给老兄（老弟）的，我知道你最喜欢这东西"；若是土特产，就说是"带给嫂子（弟妹）和孩子尝尝的"。这样走进门，便有了开口求老朋友办事的机会了。

第二种，唤起回忆。

这是此次拜访的最重要的办事基础，因为回忆过去，就唤起了对方沉睡多年的交情，这交情才是对方肯为你办事的中心和焦点。

与朋友及家人闲聊过去，如果是守着他的孩子和老婆，也要尽量少去提及对方让孩子和老婆觉得是笑料的"乐事"及尴尬事，这样可能会伤害对方在家庭中的权威，引起对方对你的反感，而达不到办事的目的。

第三种，激将心理术。

"无事不登三宝殿"。长时间的没有来往，此次突兀而至，对方便心知肚明你有事要求于他。对方若不愿帮办，一进门就会显得非常冷淡。当你把事提出的时候，他也会现出含含糊糊的拒绝态度，这可能是在你的意料之中。这时，你就得"以言相激"不失为一种扭转对方态度、继续深入的好方法。比如，你可以说："你是不是觉得，我这事给你找的麻烦太多？""我知道你能帮我，我才来找你的，否则，我也不能大老远地跑到你这里来。"等等。

一般来讲，以言相激也必须掌握分寸，若是对方真的无能为力办此事，我们也不能太苛求对方，让对方为难，更不能说出绝情绝意的话，伤害对方。只有你了解对方确实有"多一事不如少一事"的心态时，才可以以言相激，促使他去办。如果对方真的帮你去办事，不管办成没办成，事后你都应该说个道谢的话，这样会显得你有情有义。

第四种，利益驱动术。

如果你了解到这事办成的难度大，或者对方是一个见钱眼开的人，即使朋友帮你办成，也会留下一个天大的人情。这样，你不妨干脆以合作的态度去找他，以利益驱动。

如果你把实情道出，说这是我自己的事，事成之后，我给你多少多少好处，对方可能会碍于旧交之面不好接受。那么，这时你可以撒一个小谎，说这事是别人托你办的，事后可以怎么怎么的，这样对方就会很坦然地接受，你也可以显得不卑不亢，事后也避免留下还不完的人情债。其实，这种方法也是当今社会很普遍的办事手段，运用这种手段办事，成功率往往很高。

总之，求朋友办事其实是很常见的事情，但有很多人就因为不懂求朋友办事的方法和技巧，导致朋友不仅不愿意为他办事，还会因此拉远朋友之间的距离，甚至产生误解和隔阂，导致友情的破裂。朋友毕竟不是家人，不是自己，再好的朋友也要先了解他的想法、摸透他的心理，这样你就可以让朋友更好地为自己办事了。

求亲戚办事的心理博弈

亲情可贵，每当一个人遇到难处时，首先想到的大概都是找亲戚帮忙。彼此间的血缘关系也会胜过任何社会关系，在求亲戚办事的时候，要懂得从内心用真情打动对方，这样对方也会热情地向你伸出援助之手。

当徐志摩7岁的时候，他就已经非常聪明，且表现出对文学方面浓厚的兴趣，但直到15岁的时候，他一直觉得自己在这方面的学习不大长进，迫切需要一位精于此道的老师来指点自己。

当他听说有一位叫梁子恩的老师在文学方面很有造诣时，便很想投其门下去学习，但苦于没有人从中引荐。有一天徐志摩得知，自己的表舅与梁子恩曾是同窗好友，于是他就前往表舅家请求表舅从中引荐。但徐志摩的表舅不希望自己的外甥去学这些，认为这些风月诗词，只能是闲时消遣之物，没有什么大作为，他很想让徐志摩去学医。

在与表舅的一席交谈中，徐志摩充分表达了自己的迫切愿望，他那坚定而又略带哀婉的语气，以及对长辈的谦恭之情，深深打动了表舅，使表舅觉得此子乃可造之才，于是答应了他，并亲自带徐志摩去梁子恩的家，让其拜在梁子恩的门下。有老师的辅导加上自身的努力，徐志摩在诗歌上的造诣突飞猛进，最终成了有名的诗人。

常言道"血浓于水"，亲戚关系是一个人人脉关系中最亲近的一脉，而至亲关系又是亲戚关系中最稳定的，这种关系维系着双方的感情，其他的亲戚关系是派生物。所以，在做事的时候，用真情来疏通至亲关系，可以收到很好的效果。

曹冲10岁的时候，和一位管仓库的库吏关系非常要好，一次库吏把曹操的马鞍放在仓库，结果被老鼠咬了一个大洞，于是愁眉苦脸，不知道该怎么办。

曹冲知道后，对库吏说："放心吧，你明天中午去拜见我父亲，主动报告这件事，求他宽恕，到时我会想办法救你。"

到了第二天中午，曹冲把自己的衣服用刀挖了几个洞伪装成老鼠咬的样子，穿着这件衣服，装着不高兴的样子去拜见父亲。曹操问他为何情绪低落，曹冲说："爹爹，你瞧，我的衣服被老鼠咬破了。听人家说，衣服叫老鼠咬了会很倒霉的，因此，我怕……"曹冲表现出十分难过的样子。

曹操笑着说："我的傻孩子，那是人们胡说的，没有这回事。衣服破了就换一件吧，不要难过了。"

这时，库吏便依曹冲的吩咐来拜见曹操。库吏反绑着双手，跪在曹操的面前，报告马鞍被老鼠咬破一事，请求曹操治罪。若在往日，曹操肯定会大发雷霆，今天曹操却笑着说："老鼠咬破了马鞍，那不是你的错，你瞧。"他手指着曹冲，"冲儿的衣服天天放在身边，仍然被老鼠咬了，更何况是藏在仓库里的马鞍。今后多加小心就是了。"

事实上，曹操宽恕库吏并非因为曹冲的衣服被咬破了，而是由于曹操认为曹冲很难过，为了宽慰曹冲，以表示自己对于这种事情不在意而只好赦免了库吏。曹冲利用和父亲的至亲关系，引发了父亲的爱心，帮朋友解了围。

白居易曾经说过"感人心者莫先乎情"，亲戚之间不比外人，只要是出自你的真情实感，他就一定会尽自己的力量帮你的忙。

在求助亲戚办事时，就要做到以情动人，要做到以情动人就要懂得一些心理策略：

第一，先用言语打动他。既为亲戚，用动情的言语打动他是最容易解决问题的一种方法，只要你的言语中充满真情实感，动之以情，晓之以理，如果是合理的请求，相信对方一定会帮你。

第二，用彼此情感的共通点打动他。人的感情是共通的，但人与人的感情又大不相同，作为亲戚也是如此，这就需要你去找到彼此感情的共通点来打动对方。比如，直系血亲之间办事会容易一点，但是旁系血亲在办事的时候，就要考虑你们之间的纽带是什么，从这一点入手去打动对方，会更有效果。

以情动人是最能打动人的一种方法，非亲非故的人，看见别人可怜，就会心生怜悯，更何况是自己的亲戚，只要你是用自己的真情打动他，相信对方一定会帮你。同时还要注意的是，如果是亲戚求自己帮忙，千万不能冷眼旁观，能帮忙就尽量帮，毕竟亲情才是人生中最可贵的。

第八章 智慧说话中的心理博弈术

对别人说话，就像请客吃饭，每人的品位各异，不同的客人需上不同的菜。要想让自己的话语打动对方，让听话者心服口服，深得人心，就要洞悉听者的心理。会说话还要顾及听者的面子，说话含蓄委婉，避免尴尬局面的发生。这样，你就随时随地如鱼得水且受人拥戴。

说话要学会打圆场

一个人在说话过程中，失言是在所难免的事。关键是要懂得怎样随机应变、设法缓和或化解因失言造成的尴尬与僵局。这就要求说话者必须调整思维，巧妙应答，用别出心裁的话语来为自己打圆场。这时，不要就事论事，而应换一个角度，尽力以新的话题和新的内容把原来的问题引开或转移，分散大家的注意力，但又不完全偏离原来的表达。

据说，纪晓岚曾在乾隆皇帝的军机处办事。有一次，乾隆皇帝带着几名随从突然来到军机处。此时的纪晓岚正在光着膀子和军机处的几个办事人员闲聊。其他人一见皇帝来了，连忙上前接驾，只有高度近视的纪晓岚没有看出来的人是谁，忽见其他人在前边接驾，方才大吃一惊。心想：如果就这样光着膀子接驾，岂不犯了亵渎万岁之罪？大概皇帝还没看见自己，还是先躲一卜为好。于是，仓皇地钻到桌下藏了起来。

其实，他的一举一动乾隆皇帝早已看在眼里，他也猜透纪晓岚的心理，却佯装不知，故意在椅子上坐了下来。

纪晓岚在桌子底下缩作一团，大汗淋漓却又不敢出声。两个时辰过去了，纪晓岚听不到乾隆说话的声音，以为皇上已经走了，就鼓着勇气低声问办事员："老头子走了没有？"

乾隆皇帝在一旁听得清清楚楚，立刻板起脸孔，厉声问道："纪晓岚，你见驾不接，我且不怪罪于你。你叫我'老头子'是什么意思？你要一个字一个字地给我讲清楚，否则可别怪我无情！"

顿时，纪晓岚吓得半昏，只好无可奈何地从桌子底下爬出来，穿上衣服，俯伏在地，不住地磕响头，并连称："死罪！死罪！"接着，慢条斯理解释道："万岁不要动怒，奴才所以称您为'老头子'，确是出于对您的尊敬。先说'老'字，'万寿无疆'称'老'，我主是当今有道明君，天下臣民皆呼'万岁'，故此称您为'老'。"

乾隆听后，点了点头。

纪晓岚接着说："'顶天立地'称为'头'，我主是当今伟大人物，是天下万民之首，'首'，'头'也，故此称您为'头'。"

乾隆皇帝边听边眯着眼睛笑，很是满意。

纪晓岚见此情景，猜透了乾隆的心思，拉长了声音说："至于'子'字嘛，意义更明显。我主乃紫微星下转，是天之骄子也，因此天下臣民都称您为天'子'。"纪晓岚说到这里，稍微停了停，又说："皇上，这就是我称您为'老头子'的原因。"

乾隆皇帝高兴地点了点头，不再追究他。

这则故事中的纪晓岚在说错了话之后，能够迅速地向乾隆承认了自己的错误，接着巧妙地解释了"老头子"的意思，让乾隆由怒转喜，机智地给自己打了个圆场。

由此看来，学会打圆场，方使气氛由紧张变为轻松、由尴尬变为自然。在生活中，我们更要学会帮别人打圆场。用巧妙的话语替别人解围、给别人台阶下，不但能缓和尴尬的气氛，还能顺便卖别人一个人情。

"打圆场"不同于"和稀泥"。打圆场往往是从善意的角度出发，用巧妙的言语去缓和气氛、调解人际关系。打圆场讲究技巧，才能收到最佳的效果。

从前，有个理发师傅，带了个徒弟。徒弟学艺三个月后，这天正式上岗。他给第一位顾客理完发之后，顾客照照镜子说："头发留得太长。"徒弟站在一边不言语。师傅在一旁笑着解释道："头发长使您显得含蓄，这叫藏而不露，很符合您的身份。"第一位顾客听罢，高兴地离去。

徒弟给第二位顾客理完发之后，顾客照照镜子说："头发留得太短。"徒弟还是不言语。师傅笑着解释道："头发短使您显得精神、朴实、厚道，让人感到亲切。"第二位顾客听了，也欣喜地出了门。

徒弟给第三位顾客理完发之后，顾客边交钱边嘟囔："剪个头花这么长的时间。"徒弟无语。师傅马上笑着解释道："为'首脑'多花点时间很有必要。您没听说过：进门苍头秀士，出门白面书生！"第三位顾客听罢，大笑而去。

徒弟给第四位顾客理完发之后，顾客边付款边埋怨："用的时间太短了，二十分钟就完事了。"徒弟心中慌张，不知所措。师傅马上笑着抢答："如今，时间就是金钱，'顶上功夫'速战速决，为您赢得了时间，您何乐而不为呢？"第四位顾客听了，欢笑着告辞。

故事中的这位师傅，真可算得上是能说会道。他机智灵活，巧妙地"打圆场"，每次得体的解说，都帮徒弟摆脱了尴尬，让对方转怨为喜，高兴而去。师傅成功地"打圆场"的经验，给了我们诸多启示。

打圆场是一门说话的艺术。只有我们认真学习并掌握了这门艺术，才能在特定的场合为自己或他人有效地摆脱尴尬和困境，同时还能展示自己的谈吐。

浓情的话最能打动听者

一般来讲，要想使自己的演讲拨动人心，除了调动情感激流、生动事例、幽默妙语之外，最重要的一点就是要注重情感与理性的升华点。这种升华点往往体现了演讲的思想价值和审美品位，是演讲闪光的灵魂所在。

演讲过程中，听众的注意力、理解和记忆选择性，很大程度上是由情感因素决定的。

林语堂曾说过："对中国人来说，一个观点在逻辑上正确还远远不够，它同时必须合乎人情。"其实何止是中国人，只不过中国人更加重视罢了。

通常，演讲者充沛的感情可以通过自身的肢体动作、面部表情、语调高低、口气轻重、语速快慢表现出来，但最重要的还是要以语言为载体传达出来。

一场演讲，无论内容如何丰富，语言怎样准确、清楚、简洁、明了，如果缺乏情感，那还是很难打动听众。成功的演讲不仅能把道理说得清楚明白，使听众不得不信服，而且还能以自己真挚的感情感染听众，引起听众的共鸣，使听众心悦诚服地接受演讲者的思想感情。

情感的表达既要靠语意，也要靠语音。因此，一些演讲名家，他们在遣词用语的时候，总是字斟句酌，选用那些适合表现思想内容，蕴涵着炽烈情感的语言，并以这些带有强烈感情色彩的语言，来叩动听众的心扉，引起共鸣。

林肯总统就是这样一位具有超人的演讲才能的政治家，他在1863年11月29日的"葛底斯堡讲演词"直到今天，任何大文豪都不能给这篇文章增加一词，被人们当作模范讲演词。

这篇不足三百字的讲演之所以被世人所称赞，成功之处不仅在于以简短为妙，更重要的是注入了林肯的情感。让我们重温一下林肯的这篇演讲词吧。

1789年前，我们的祖先在这大陆上创造了一个新的国家，她在自由之中成长，并为人人生而平等的主张而献身。

如今我们正从事一场伟大的内战，以考验这个国家，看如此自由成长和追求平等的国家能否长存于世。

我们在这战争的战场上聚会，奉献出战场的一部分土地，作为那些为国家生存而捐躯的人的最后安息之所，这全然是必须而正常的，也是我们应该做的。

世人不太会注意也不会太长久记忆我们此刻所说的话，但永远不会忘记，他们在这里所做的一切。

我们面对这些光荣地为国家奋斗牺牲的人，我们更应该发挥我们的爱国热忱。换句话说，我们绝对不能让这些爱国者白白牺牲，我们要祈求我们的国家在上帝保护之下，能获得更新更大的自由。

我们只要能树立起民有、民治、民享的理想政治，我们的国家就不会从地球上灭亡。

整篇演讲只用了五分钟，却给听众留下了深刻的记忆。林肯简短的演讲词之所以激发人心、具有强烈的感染力，主要有三方面的原因。首先是林肯站在听众立场上说话，每段开头、中间、末尾都离不开"我们怎样"，用他的切身体会来表明他对人民的关心、爱护；其次是语言的真诚朴实，乃是发自内心的肺腑之言，道理虽简单，听众却有如饮甘泉的畅快感觉；再有就是林肯对民众的热爱促使他把听众当作上帝，通过语言的力量，团结人民，为美国的解放而斗争。

总而言之，林肯把感情投到演讲的主题和内容上，并适当地通过有声语言把这种感情表现出来，产生了心理的"共振效应"，达到了演讲预期的交流、鼓动和说服的目的。

英国前首相丘吉尔素以非凡的雄辩天资和演说能力闻名遐迩。在第二次世界大战期间，他以出色的军事才能领导了英国对法西斯德国的斗争，其间发表了许多演讲，对鼓舞英国军民和全世界人民奋勇抗战，具有重大意义。

1941年6月，苏德战争爆发。尽管丘吉尔是一个一贯不主张苏联社会主义制度的资产阶级政治家，但在当时的情况下，他审时度势，认识到要消灭德国法西斯，就要团结一切反法西斯力量，支持一切受法西斯迫害的国家和人民，否则将重蹈绥靖政策的覆辙。用他自己的话说："如果希特勒入侵地狱，我至少也要在下院发表一篇同情魔王的声明。"

为了向全国表明他的态度，丘吉尔通过广播发表了著名的《关于希特勒入侵苏联的广播演说》："……希特勒是个十恶不赦、杀人如麻、欲壑难填的魔鬼，而纳粹制度除了贪得无厌和种族统治外，别无主旨和原则。它横暴凶悍，野蛮侵略，为人类一切形式的卑劣行为所不及。过去的一切，连同它的罪恶，它的愚蠢和悲剧，都一闪而逝了。我看见俄国士兵站在祖国的大门口，守卫着他们的祖先自远古以来劳动的土地。我看见他们守卫着自己的家园，他们的母亲和妻子在祈祷——啊，是的，有时人人都要祈祷，祝愿亲人平安，祝愿他们的赡养者、战斗者和保护者回归。我看见俄国数以万计的村庄正在耕种土地，正在艰难地获取生活资料，那儿依然有着人类的基本乐趣，少女在欢笑，儿童在玩耍，我看见纳粹的战争机器向他们碾压过去，穷凶极恶地展开了屠杀……我还看见大批愚笨迟钝，受过训练，唯命是从，凶残暴戾的德国士兵，像一大群爬行的蝗虫正在蹒跚行进。"

这里一美一丑的生动刻画，对照鲜明，字里行间充满着对法西斯令人发指罪行的控诉，对灾难深重的人民的同情，饱含演讲者激情的语言使一切正义、善良的人们对侵略者更加深恶痛绝，对受害的苏联人民及其国家更加同情并抛弃一切旧有的偏见。正所谓"感同身受"，丘吉尔自身鲜明的爱憎，通过他流畅的语言表达出来，产生了强大的感染力。

接着他以准确有力的语言，阐述了英国所要采取的政策和所要达到的目标。丘吉尔以战略家的眼光看到了这次大战的世界性："这不是阶级战争。这是一场整个大英帝国和英联邦，不分种族、不分信仰、不分党派，全部投入进去的战争。希特勒就要迫使西半球屈服于他的意志和他的制度下，而如果做不到这一点，他的一切征服都将落空。"丘吉尔通过演说，晓之以理，动之以情，对动员英国人及世界人民大力援助苏联，彻底打败德国法西斯具有重要意义。

用鼓励代替责怪的话

话语是柄双刃剑，说得好可激励人，催人奋发；说得不好可伤人，使人消沉。人人都爱好听话，所以要多鼓励少责怪。

派克·巴洛特是法国国家马戏团的著名驯兽师。他的狗表演非常受人欢迎。他训练狗的样子特别有意思。旁人会发现，当狗有了一点点的进步时，派克·巴洛特经常会去拍拍它，夸奖它，还给它东西吃，并逗它一阵子。

当然，这并不是什么新鲜的玩意儿，因为大多数驯兽师都采用这样的方法去训练动物。但是，难道这对我们真的没有任何启发吗？

当我们要改变一个人时，为什么不用鼓励去代替斥责呢？就像训练小狗一样，即使它获得了一点点哪怕是很小的进步，我们都可以给予它赞美和激励。激励能使人们更有效地不断进步。斥责也许可以让人们进步，但效果不会太好。

如果用斥责的方法对待自己的孩子、身边的亲人或者下属员工，那么无疑你是做错了，因为那样做等于毁了对方所有要求进步的心。你可以用宽宏的话去鼓励他，令事情看起来很容易做到，让他知道，你对他做这件事的能力完全有信心，听到这样的激励，他们往往能够超越自我。

美国前总统柯立芝就是一位处理人际关系的高手，他会给别人勇气与信心，使人充满自信。有一次，他与汤姆金斯夫妇一起去度周末，并邀请大家一块儿参加他们的桥牌友谊赛。桥牌对于汤姆金斯而言，是一个全然陌生的游戏，他本人对桥牌的规则一点儿也不了解。

柯立芝对他说："汤姆，为什么不试试呢？除了需要一些记忆与判断能力外，它没有什么技巧可言。你曾经对人类记忆的组织有过深入的研究，因此打桥牌对你来说，一点儿也不难。"

汤姆金斯还没有做好心理准备，已经被柯立芝拉到了桥牌桌前。汤姆金斯后来回忆时说，这是他第一次参加桥牌比赛，完全是因为总统柯立芝给了他信心，使他觉得打桥牌不是一件难事。同时也给他带来了一个足以改变人生的哲理，那就是，要是能够恰当地使用鼓励的方式，就可以在对方接受的前提下指出对方的不足，令其有信心去面对错误与不足，然后改变它。

称赞就像阳光一样温暖着我们的心灵，如果没有它，我们就很难成长、开花和结果。但是，我们大多数人只是一味地躲避别人的冷言冷语，却总是吝于把赞许的温暖阳光给予别人。

很多年以前，一个十岁的男孩在拿坡里的一家工厂里打工。他的梦想是将来做一名歌星，但是他的第一位老师却对他说："你不能唱歌，你根本就五音不全，简直就像风在吹百叶窗一样。"

然而，他的妈妈，一位穷苦的农妇，却用手搂着他并认真地告诉他，她知道他能唱，她觉得儿子每天都在进步，她要节省下每一分钱，好让儿子去上音乐课。这位母亲的激励，令这个孩子的一生为之改变，他的名字叫恩瑞哥·卡罗素，他后来成了那个时代最伟大最知名的歌剧演唱家。

换个角度，对母亲而言，是一腔苦心和爱心，对儿子来说，却是一条正道，一个光明的未来。如果男孩的母亲不把老师的话变换一种方式，不是用欣赏、赞美的语言来鼓励和支持儿子，很可能这个社会将会增加一个自暴自弃的小混混。

在生活中我们多用赞扬代替批评。当批评减少而鼓励和夸奖多一些时，一个人所做的好事就会增加。每个人都渴望受到赏识和认同，并会不惜一切地得到它。当然，在我们鼓励别人的时候，必须要做到真诚，或者至少看上去真诚。

一个人的能力有可能在批评下萎缩，但却能在鼓励中绽放。因此，要希望对方做好某一件事情，就真诚地赞美他，甚至赞美其最细小的进步。

说话要考虑对方的感受

众所周知，说话是一门艺术，好的语言会为你带来丰厚的收获；而不好的言语，伤人又伤己。好的语言需要考虑到方方面面，其中最重要的一点就是对方的感受，千万别伤害到听者的感情。

人是最高级的动物，人的感情是非常丰富的，有时候别人的一句话，可能让你郁闷半天。正所谓："说者无心，听者有意。"但是，不管怎样，从另一个方面也说明，人们在说话时，要考虑对方的感受，避免伤害他人。

下面就有这样一则故事：

有这么一位护士，一天，她给一位老人扎针，在老人的右胳膊上连扎几针都没见血，这位老人当时没说什么，更没有责怪她，可这位护士却埋怨起老人来了。护士说："唉，人老了什么都不行了，您的血管可真难扎啊！"

试想，当老人听了这句话，心里会有怎样的想法与感受？无非就是人老了，不中用了，连扎针的护士都这样认为，那活着还有什么意义啊！这样说话岂不是太伤人心了？

总而言之，一个人的语言可以让人暖，也可以让人寒！所以，在说话前，一定要在心里面掂量过后再说出口！

生活中，每个人都有自尊心。即便是和亲朋好友说话，也应该要讲究说话的技巧，说话之前一定要考虑到对方的感受。

有一对哥俩，他们都是赛车手，并且俩人的开车技术都有一定的水平。有一次，哥哥让弟弟开车一起去见一位导演。弟弟说："你开吧，我开车的技术哪有你高！"弟弟说这话的时候，脸上露出一丝不悦。原因何在呢？就是因为有一次参加朋友生日晚会时发生的事情，那一次由弟弟开车，由于快要迟到了，坐在后座的哥哥说："车开快一点儿行不行，你还是赛车手呢，看一下表几点了？马上就要耽误了！"因为哥哥的语气有点硬，后座上又不止一个人，弟弟十分下不来台。这时，弟弟沉默了几秒钟，音调轻柔地说："别这样说嘛！"话语非常和蔼，但"嘛"字的语气带了一个弯，也表达了自己的不快。

由此看出，无论是自己的至亲还是朋友，说话都要讲究一定的技巧，学会为对方考虑一下，不要以为是自己的亲弟弟，就可以随意将话说出口。

不可否认，以真实的自己和别人相处是一件非常好的事情，人与人之间实话实说，不拐弯抹角，会显得比较真诚。

生活中的每个人都有自己的优点和缺点，在与他人的交往中，我们要看到对方的长处，如果总是指责别人，不仅会使自己活得很有压力，还会使自己不快乐。只有学会宽容，我们才能创建和谐的人际关系。

说话时考虑对方的感受，需要我们具备察言观色的能力，当然这里所指的并不是一般人都具备的说话看一下对方的习惯，也不是要你过于见风使舵，尽挑人家喜欢的说而误了正题。

说话时考虑对方的感受，需要我们说话言简意赅，不要刻意使用过多的说话"艺术"。在日常生活中，有些人讲话，不考虑对方的听话听音能力，于是明明可以直说而偏偏想绕弯，让听者更不舒服。

总而言之，说话是一门艺术，需要我们每一个人用心地学习。

赞美满足对方的心理

赞美别人会使别人愉快，同时赞美者自己也会感到愉快，这样你就能与周围的人形成良好的人际关系。喜欢听表扬的话是人们的天性，这就是为什么人们都喜欢正性刺激，对负性刺激避之不及的原因。

办公室新来的杜敏与同事相处的时间不长，却建立了深厚的感情，在一次民意选举上，她成为获奖者中最年轻的人。原来杜敏每天早晨来公司都会对同事大赞一番，但每天夸赞的内容不一，使大家的心情都很好。同事都说杜敏会讲话，夸赞别人也不会使人感到肉麻或假里假气。想要练就这样一番"功夫"，确实有一定的难度。

在人际交往中，你若乐于赞赏他人，善于夸奖他人的长处，那么你的交往快乐指数就会大幅度地提高。赞美是人际交往成功的一种重要能力，在适当的时间给予同事赞美，人们会因此而喜欢你，而你自己也将受益匪浅。当然，赞美的语言要真实，要发自内心，而不是言不由衷、言过其实地赞美，否则就会成为阿谀奉承，其效果也会适得其反。

大文豪马克·吐温曾经说过一句话，"有时候一句美妙的赞语，可以使我多活两个月。"细细想来这句话不无道理，因为在某些特定的时候，赞美是人类共同需要的精神食粮。

某心理学家有一次在银行排队取款，看见前面的老先生一脸不悦。出于职业原因，心理学家想让老者开心起来，所以就暗暗地观察老者的优点。他发现老者虽然驼背哈腰，却有一头漂亮的头发，就借机与老者搭讪："老先生，您的头发真漂亮呀！"正巧老先生一向对自己的头发最引以为豪，听到心理学家的话，顿时开朗起来，他挺了挺腰板，向心理学家道了声"谢谢"，就哼着歌走开了。

综上所述，一句简单的赞美会给别人带来巨大的快乐。所以你要善于赞美别人，作为领导者就更应如此，赞美下属会给你带来神奇的力量。如果你对职员说："我认为你很能干，最近公司在做人事调整，所以我希望得到你的帮助。"如此一来，相信你的职员一定会为你分忧解难，即使遇见再大的困难也不会有任何怨言。

有一次张海迪受日本友人之邀，参加特意为她举办的演讲会。张海迪第一次在正式场合用日语做了自我介绍，并唱了几首自己创作的歌曲。讲演完毕之后，她特别希望得到观众的赞许、鼓励和褒扬。此时，作为主持人的日本著名作家和翻译家秋山先生紧紧地抱住她，连声称赞说："讲得太好了！"台下的日本观众也大声地说："讲得很好，我们都听得懂。"虽然是短短的一句话，却给了张海迪无穷的鼓励。

赞美可以给人带来无限的快乐和温暖，也是滋润人们心田的甘霖，所以赞美能够赋予人们无限的鼓舞和积极向上的力量。

美国一位哲学家曾说过："人类天性中都有做个重要人物的欲望。"所以能否获得赞美以及赞美程度的大小，便成为衡量一个人社会价值的标准。

心理学家认为，要想让一个人发挥出全部能力和潜能，赞美和鼓励就是最好的方式。

卡耐基在《人性的弱点》中提到了这样一个故事：一次他去邮局寄信，常年从事单调工作的邮局办事员显得很不耐烦，服务态度很差。当她给卡耐基的信件称重时，卡耐基真诚地对她说："真希望我也有你这样的头发。"听到这句赞美的办事员喜出望外地看着卡耐基，脸上立即显出柔和的微笑并热情周到地为卡耐基服务。

赞美别人并不是随意附和，更不是信口开河，那种毫无顾忌地赞美只会令人生厌，所以赞美别人要注意以下几个原则。

第一，真诚。赞美别人要出于真诚，所讲的内容是对方确实具有的或即将具有的优秀品质或特点，而不要口是心非，让对方感觉你言不由衷或另有所图。比如你夸奖一位身材矮小的男士长得魁梧，恐怕就会出现"拍马屁拍在蹄子上"的情况。

第二，赞美的话要具体。赞美的话切忌模糊笼统，否则就会给人以敷衍了事的感觉。你要通过细心的观察，然后发出肺腑之言，对方才会满意接受。

第三，迎合对方的心理需求。你所赞美的内容应是对方感兴趣或是能够引起对方兴趣的，如称赞已婚女性身材苗条，赞扬老年人身体硬朗，说孩子聪明伶俐，这些都能起到良好的作用。

在现实生活中，能够得到的真诚赞美是很有限的，而且大多数人都想得到别人的赞美，却很吝啬去赞美别人。由于人们的误解，认为赞美就是奉承，奉承就是献媚，会遭到人们的唾弃，所以那些自认为不是"凡夫俗子"的人就自命清高，目中无人，认为谁都不如自己，即使对身边美好的人或事也不会加以赞美。

其实，赞美和奉承有着本质的区别，人们反对虚伪奉承，更不喜欢说言不由衷的话，而赞美却是真诚的、善意的、美好的。

称赞对方引以为荣的事情

每个人一生当中都做过让自己引以为豪的事情。这些事情经常会在他们的言谈中流露出来，如"想当年，我在朝鲜战场上……""我年轻的时候……"等等。对于这些引以为荣的事情，他们不仅时常挂在嘴边，而且还深深地渴望能够得到别人由衷的肯定与赞美。

对于一位老师而言，引以为荣的莫过于自己的学生在社会上很有出息，这时我们为了表达对老师的赞美，不妨说："某某真不愧是你的得意门生啊！现在已经自己出书了。"对于一位一生都默默无闻的母亲，引以为荣的往往是自己的孩子将来有出息，这时我们如果对她说："你有福气啊，孩子们都那么有出息。"她一定会高兴不已。对于老年人来说，他们引以为荣的往往是他们年轻时的那些血与火的经历，你如果能搬上一张小板凳，坐在他们面前，听他娓娓道出那些陈年往事，已经是对他们最好的赞美了。

真诚地赞美一个人引以为荣的事情，可以更好地与之相处。

乾隆皇帝喜欢品茶、论诗，对茶道颇有见地，并引以为荣。有一天，宰相张廷玉精疲力竭地回到家刚想休息，乾隆忽然来造访，张廷玉感到莫大的荣幸，称赞乾隆道："臣在先帝手里办了13年差，从没有这个例，哪有皇上来看下臣的！真是折杀老臣了！"张廷玉深知乾隆好茶，命令家人烧水给乾隆皇帝沏茶。乾隆很高兴地招呼随从坐下："今天我们都是客，不要拘君臣之礼。"水开时，乾隆亲自给各位泡茶，还讲了一番茶经，张廷玉听后由衷地赞美道："我哪里懂得这些，只知道吃茶可以解渴提神。一样的水和茶，却从没闻过这样的香味。"李卫也乘机称赞道："皇上圣学渊源，真叫人瞠目结舌，吃一口茶竟然有这么多的学问！"乾隆听后心花怒放，妙语连珠，滔滔不绝，众臣洗耳恭听。乾隆的话刚结束，张廷玉奉赞道："今天皇上这番宏论，从孔孟仁恕之道发端，譬讲三朝政纳，虽然只是三个字'趋中庸'，却发聋振聩，令人心目一开。皇上圣学，真是到了登峰造极的地步。"其他人也都随声附和，乾隆大大满足了一把。

张廷玉和李卫作为乾隆的臣下，都深知乾隆对自己的茶经和"宏论"引以为豪。而张李二人便投其所好，对其大加赞赏，达到了皆大欢喜的目的。

一个人到了晚年，当他们回首往事的时候，更喜欢回味和谈论自己曾经历过的那些大风大浪，希望得到晚辈的赞美和崇敬。

抓住他人最重视、最引以为豪的东西，并将其放在突出的位置进行赞美，其效果往往非同寻常。

有一次，曾国藩用完晚饭后与几位幕僚闲谈，评论当今英雄。他说："彭玉麟、李鸿章都是大才，为我所不及。我可自许者，只是生平不好谀耳。"一个幕僚说："各有所长，彭公威猛，人不敢欺；李公精敏，人亦不能欺。"说到这里，他说不下去了。曾国藩又问："你们以为我怎样？"众人皆低头沉思。忽然走出一个管抄写的后生过来插话道："曾帅是仁德，人不忍欺。"众人听了齐拍手。曾国藩十分得意地说："不敢当，不敢当。"后生告退而去。曾氏问："此是何人？"幕僚告诉他："此人是扬州人，入过学，家贫，办事还谨慎。"曾国藩听完后说："此人有大才，不可埋没。"不久，曾国藩升任两江总督，就派这位后生去扬州任盐运使。

真可谓区区一句话，胜读十年书。这位后生正是抓住了曾国藩自视"仁德"这一点，投其所好地进行了赞美，结果飞来洪福。

由此可见，只要赞得恰到好处，其效果往往是出人意料的。

说话要懂得替别人找台阶

有时在谈话过程中，对方坚定地表达了一个观点，如果我们表示不同意，要想改变对方观点时，首先就是要顾全对方的面子。因为如果对方同意了自己的意见，也就等于承认他自己是故意撒谎，对方的自尊心会难以接受。

试看精明者是怎样给人面子，又不至于使对方下不了台。

例如：一位顾客到一家百货公司去退货，要求退换一件外衣。她已经把衣服带回家并且穿过了，只因为她丈夫不喜欢。她向售货员解释说"绝没穿过"，要求退换。

售货员检查了外衣，发现有明显干洗过的痕迹。但是，直截了当地向顾客说明这一点，那位顾客是绝不会轻易承认的，因为她已经说过"绝没穿过"，而且已经精心伪装了穿过的痕迹。于是，机敏的售货员说："我很想知道是否你们家的某位成员把这件衣服错送到干洗店去。我记得不久前我也发生过一件同样的事情，我把一件刚买的衣服和其他衣服一起堆放在沙发上，结果我丈夫没注意，把这件新衣服和一大堆脏衣服一股脑儿塞进了洗衣机。我怀疑你是否也遇到了这种事情——因为这件衣服的确看得出已经被洗过的明显痕迹。不信的话，你可以跟其他衣服比一比。"

顾客已经看出自己无可辩驳，而售货员又为她的错误准备好了借口，给她一个台阶——于是顺水推舟，乖乖地收起衣服走了。

这位售货员的话说到顾客心里去了，使那位顾客不好意思再坚持。一场可能发生的争吵就这样避免了。

通常情况下，人们会为自己的谎言寻找各种借口，我们若想戳穿对方的谎言，不仅要让对方相信自己，而且必须懂得如何把对方从自我矛盾中解救出来，并且能够说得对方心服口服，体面地收起那套鬼把戏。

即使有时我们说的是千真万确的实话，对方肯定也能接受，但也要三思而后说。

在生活中，人与人之间的交流，往往是说话双方彼此都希望对方能对自己说实话。但在某些特定的场合下，如顾及面子、自尊，以及出于保密等，实话实说有时往往会令人尴尬，伤人自尊，因此实话是要说的，但应该巧说。

那么我们如何才能把实话巧妙地表达出来，说得既让人听了顺耳，又让人能欣然接受呢？

首先，由此及彼肚里明。当两个人的意见发生分歧以后，如果实话实说直接反驳就有可能伤了和气，影响团结。这个时候就需要我们采取这种方法，因为这样可能会避免一些麻烦。

其次，抓心理达目的。这就是要抓住人的心理，运用激将的方法，进而达到自己真实的目的。

再次，藏而不露巧表达。这是指运用多义词委婉曲折地表明自己要说的大实话。

总而言之，在对方处于劣势的情况下，说实话就有可能会引起矛盾甚至冲突。这个时候我们不能得理不饶人，应该给对方一个体面的台阶下。

例如：大连市一家大型制造企业的毛经理，率领代表团到日本参加某企业的订货会。日本企业的总裁特地举行宴会款待毛经理一行。双方交谈中，日方翻译在翻译毛经理的讲话时不慎译错了一个地方，在场的日本企业总裁见状大为发火，感到非常丢面子，他的脸马上阴沉下来，扭头用眼睛盯着那位翻译，那位翻译涨红了脸，紧张得不知所措。

宴会厅里的气氛顿时紧张了起来，大家的眼光齐刷刷地盯着日本企业的总裁和翻译。这时毛经理温和地对日本企业的总裁说："两国语言差别很大，要做到恰到好处地翻译出来是很不容易的，刚才有可能是我方言太重，讲得不够清楚。"说完毛经理又慢慢地重述了一遍刚才被译错的那段话，这次日方翻译准确地翻译了出来。

毛经理说完话，立即与日本企业的总裁碰杯，紧接着又特地转过身来与日方翻译碰了一下杯，这令日方翻译十分感动，手里举着酒杯久久不放。此时，日本企业总裁的脸上也有了笑意，整个宴会厅里的紧张气氛彻底缓和下来。

毛经理以自己"有误"为借口，为对方提供了一个非常体面的"台阶"，仅仅一句话，就使已经感到有失自尊的日本企业总裁摆脱了尴尬局面，也为那位日方翻译解了围。

人们都有一时冲动，做错事、说错话、得罪人的时候，如果相互之间以牙还牙只会使事态变得更严重。说话委婉，替别人找个台阶，不仅可以使对方心生感激，对自己产生好感，还会使对方心悦诚服，减少矛盾的发生。

要注意把握说话的火候

把握说话的火候，就是要把握说话的分寸，说话的分寸拿捏得好，就是很普通的一句话，也会平添几分分量，话少又精到，给人感觉深思熟虑。而说话的分寸取决于你谈话的对象、话题和语境等诸多因素的需要。换句话说，要言之有度。

在职场中，与上司的说话是人际关系中一门重要的学问，职场中的许多朋友就是因为没有把握好与上司之间说话的火候，以至于事业一塌糊涂，前程一片黑暗。俗话说"伴君如伴虎"。上司毕竟不是一般的同事，何况一般同事之间也应该注意分寸，说话不能太无所顾忌。与领导相处，不论是平时说话交谈，还是汇报情况时，都要多加注意。特别是一些让领导不快的话，就更要小心把握。如下面的这些话语：

"不行吗？没关系！"这话是对领导的不尊重，缺少敬意。

"无所谓，都行！"这句话会让领导认为你感情冷漠，不懂礼节。

"您不清楚？"这句话就是对熟悉的朋友也会造成很大的伤害，对领导说这样的话，后果更加严重。

"辛苦你了！"这句话本来应该是上级对下级表示慰问或犒劳时说的，下级如果对上级这样说，后果似乎不太妙。

那么不小心说错了话如何补救呢？在领导面前说错了话，一旦反应过来，就要立即就此打住，马上道歉。不要因害怕而回避，应面对事实，尽量避免伤害对方的人格和面子，必要时可以再进行说明，而不必要的辩解只会让事情越描越黑。

不经意地说："太晚了！"这句话的意思是嫌领导动作太慢，以至于快要误事了。在领导听来，有"干吗不早点"的责备意味，你看这话能说吗？

"这事不好办！"领导分配工作任务下来，而下级却说"不好办"，这样直接让领导下不了台，一方面说明自己在推卸责任，另一方面也显得领导没远见，让领导没有面子。

如此等等。在领导面前说话还真的有些不容易，职场中的朋友一定要小心为上，三思而后说。一旦我们把握好了与上司说话的火候，前程与事业上的一些难题，自然会迎刃而解。

不仅在职场中说话要小心斟酌，在商场更应该把握说话的分寸。如今是一个市场竞争十分激烈的时代，商业战争是一场没有硝烟的战争。它和真正的战争一样，也有险恶、诡秘、尔虞我诈等特点。在这场战争中如果不讲究说话的分寸，一味地追求直率与坦诚，抱着一种毫无保留地与对方心心相印的态度，以致完全沟通的幻想。其结果是可想而知的，一定会造成重大失误而追悔莫及。

建新是一个性情率真的人，现在他是商界某一行业的著名经纪人了。多年前，他在一位朋友鼓动下投身商场。由于他一直以来心直口快，他总以"诚信"为商业之本，觉得所谓诚信，也就是真诚待人，所谓真诚，便是实话实说。结果，第一笔生意就因为这样而失败了。

有一天，经朋友介绍，由他去直接与某公司主管洽谈一笔汽油生意。与主管见面后，对方并不急于切入正题，而是漫无边际地与建新聊起题外话来。从交通问题谈起，接着谈到乘车难，再由乘车难谈到了乘车难的若干原因，转了几个弯后，对方又好像很随意地问了一句："本地汽油行情看涨，不知贵地情况如何？"建新也不留心眼，便以实相告。这下可好了，待到正式洽谈到汽油的话题时，对方知道建新要货心切，便摆出一大堆汽油如何如何紧俏，如何如何难弄，弄到了又如何如何可捞上一笔之类的托词。言下之意，我之所以愿意与你做这笔生意，还是很看在朋友的面子上，我也很讲信誉，但是价格上，却坚决不退让半步。结果那笔生意以建新的让步而成交，建新虽然也赚了一笔钱，但与原来预定好的差价相比，却不痛不痒地吃了一个大亏，白白地让对方多赚去20多万元。

由此可见，说话一定要有度。

言之有度的反面就是言谈失度，什么称作"失度"呢？一般说来，对人出言不逊，或当着众人之面揭人短处，或该说的没说，不该说的却都说了，这些都是"失度"的表现。要成为成功的商业精英，就应该掌握说话的分寸，切忌言谈失度。以下这些内容在社会交往中是切忌谈到的：

（1）健康状况。如果是和十分亲密的人交谈，这种情况不在此列。

（2）有争议性的话题。除非很清楚对方立场，否则应避免谈到具有争论性的敏感话题，如宗教、政治、党派等易引起双方抬杠或对立僵持的话题。

（3）他人的隐私。包括年龄、商品的价钱、薪酬等涉及隐私的话题不要接触，容易引起他人反感。

（4）个人的不幸。不要和同事提起自己所遭受的伤害，例如离婚了或是家人去世等。当然，若是对方主动提起，则要表现出同情并听他诉说，但不要为了满足自己的好奇心而追问不休。

（5）老生常谈或过时的话题。那些过时了的话题犹如"明日黄花"丝毫引不起听者的兴趣。

（6）一些庸俗的笑话。在私下说可能很有趣，但在大庭广众之下说，效果就不好了，容易引起他人的尴尬和反感。

（7）害人的谣言。工作、生活当中有很多散布对他人前途不利谣言的机会，当你要开始说这些害人的话之前请慎重地思考一下，无论是无中生有的，还是这些内容可能都是事实的，一旦说出口都会对他人造成伤害。

在人际交往中，谈话要有分寸，认清自己的身份。适当考虑措辞，认真斟酌哪些话该说、哪些话不该说、应该怎样说，才能获得更好的交谈效果。

说"软话"赢得对方的同情

生活当中人们总是习惯于同情弱者，所以有些时候，适当地向对方"示弱"，说"软话"，也是打动对方心灵的一个好方法。

在中国古代历史上，宦官专权的事例屡见不鲜。汉元帝时，宠信宦官石显，封他为中书令，朝政大小事务由他裁决。而石显精于算计，他时刻担心着别人向皇帝说自己的坏话，对自己不利，于是想方设法向皇帝表示他的忠诚，说服皇上相信他是无辜的。

一次，石显被派往各宫去办事。他觉得这是一个检验周围人对他态度的大好时机，于是向皇帝奏请说，他担心事情办完之后时间太晚，未央宫宫门被关闭而进不来，请求皇上下诏，让门卫给他留门。皇帝当即给各宫门卫下达了口谕。

办完事后，石显故意拖延时间，在各宫尽量游走，直到半夜才回来。后来，果然有人上书告发石显，说他矫诏擅自开启宫门。

皇帝看后，笑着把那封揭发信给石显看。石显流着泪，显出一副无辜的样子说："陛下明鉴，您非常信任我，经常让我去各宫办事，于是不免有人嫉妒我，总想抓住一些机会陷害我。这样的揭发信不会只有一封，以后可能还会有。对于这种捕风捉影的话，只有靠圣明的皇上您洞察了。微臣出身寒门，确实不能以区区一身让大家都满意，不能经受住天下之怨。我愿意辞去现在的官职，接受后宫洒扫除垢的差遣，以表明我对陛下的忠诚之心，死而无恨。只希望陛下能相信我。"

元帝觉得他语出于情，于是被感动蒙蔽了，相信了他，不但不让他辞官，反而多次慰劳勉励，让他好好干，给他比以往更多的恩赐。从此以后，石显更加荣耀起来。

从上面的例子中可以看出，石显就是因为巧妙地扮演了一个弱者，激起了汉元帝的恻隐之心，从而达到了让皇上相信自己的目的。

在办事的过程中，有时眼泪也是一种武器，这种武器能攻克铁石心肠的堡垒，如果在办事的时候遇到困难，不妨拿起眼泪这个温柔的武器，相信一定会成功的。

你有没有在与人交往谈话时，对方突然哭起来的经历？当你和别人为某件事争论不休时，你占尽了情、理、法，各项事实完全偏向于你，而让对方毫无辩解余地，对方突然泪流满面求你饶恕时，你怎么办？恐怕很少有人会无动于衷的。泪水确实可以轻易地打动对方，它胜过世界上任何一种锐利的武器。

拿破仑的妻子约瑟芬是前博阿尔内子爵夫人，一向水性杨花，生活放荡。当拿破仑在意大利和埃及战场浴血搏斗时，新婚不久的她却与一个叫夏尔的中尉偷情，对拿破仑毫无忠贞可言。她原以为拿破仑会战死沙场，于是不再等待他归来，而开始为拿破仑安排后事。

1799年10月的一天，拿破仑从埃及回到法国，受到人们热烈欢迎的消息传到巴黎，约瑟芬惊呆了。拿破仑成了欧洲最知名的人物，法国的救星，前程无量。她曾欺骗了拿破仑，并想抛弃他，但这时她后悔了。

于是她不辞辛苦，坐着马车，长途跋涉，去法国南部的里昂迎接拿破仑。她想在拿破仑与家人见面前见到他，并趁着他的兴奋骗住他，不使自己的丑事暴露。

她好不容易到达里昂，可是拿破仑已从另一条路走了，并与家人会合了。拿破仑对妻子的不贞早有耳闻，只是不怎么相信，当他确信约瑟芬对他不忠时，就暴跳如雷，下定决心与其离婚。约瑟芬知道大事不好，日夜兼程赶回巴黎。

拿破仑吩咐仆人不让她走进家门。她勉强进了门，只觉心跳气急，不知怎样来应付与丈夫相见的场面。片刻之后，她静下神来，决定壮着胆子去见丈夫。

约瑟芬来到拿破仑的卧室门前，轻轻敲门，没有回答；转动门柄，无济于事。

她再次敲门，并温柔而哀婉地呼唤，拿破仑没有理睬。她失声大哭，短促呻吟，拿破仑无动于衷。

她哭着，用双手捶打着门，请求他原谅，承认自己一时轻率、幼稚而犯下了错误，并提起他们以前的海誓山盟……说如果他不能宽恕，她就只有一死。

这些却仍然不能打动拿破仑。

约瑟芬哭到深夜，不再哭了，她忽然想起孩子们，眼睛一亮，燃起了希望之光。

她知道，拿破仑爱他的两个孩子奥当斯和欧仁，尤其喜欢欧仁，这是打动拿破仑心肠的好办法。倘若孩子求他，他可能会改变主意。孩子们来了，天真而笨拙地哀求着说："不要抛弃我们的妈妈，她会死的！……还有我们，我们怎么办呢？……"

约瑟芬这一招终于成功了。拿破仑虽然确定约瑟芬已背叛了自己，但此时却在他的脑海里泛起他们相爱时的美好回忆，而两个孩子奥当斯和欧仁的哭声则彻底冲破了他心中设下的防线——他已热泪盈眶。于是，房门打开了，拿破仑与约瑟芬重归于好。后来拿破仑登基时，约瑟芬成了皇后，荣耀之至。

人际交往中，适时地示弱是为了赢得对方的同情、理解、宽容、原谅，以达到解释、说服、引导、相互沟通、转化矛盾、反败为胜的目的。示弱，说"软话"貌似"柔软"，实际上不软。在人生道路上，任何人都不可能一帆风顺，难免会遇到挫折，这时就要能屈能伸，用"软语"去示弱以激起对方的恻隐之心，并打动人心。

套近乎赢得对方支持

套近乎的技巧就是在交际双方的经历、志趣、追求、爱好等方面寻找共同点，诱发共同语言，为交际创造一个良好的氛围，进而赢得对方的支持与合作。

外交史上有一则通过套近乎而顺利达成谈判目的的轶事。

一位日本议员去见埃及总统纳赛尔，由于两人的性格、经历、生活情趣、政治抱负相距甚远，总统对这位日本议员不大感兴趣。日本议员为了不辱使命，搞好与埃及当局的关系，会见前进行了多方面的分析，最后决定以套近乎的方式打动纳赛尔，达到会谈的目的。下面是双方的谈话：

议员：阁下，尼罗河与纳赛尔，在我们日本是妇孺皆知的。我与其称阁下为总统，不如称您为上校吧，因为我也曾是军人，也和您一样，跟英国人打过仗。

纳赛尔：唔……

议员：英国人骂您是"尼罗河的希特勒"，他们也骂我是"马来西亚之虎"。我读过阁下的《革命哲学》，曾把它同希特勒《我的奋斗》做比较，发现希特勒是无情呆板的，而阁下则充满幽默感。

纳赛尔：(十分兴奋)呵，我所写的那本书，是革命之后，三个月匆匆写成的。你说得对，我除了幽默之外，还注重人情味。

议员：对呀！我们军人也需要人情味。我在马来西亚作战时，一把短刀从不离身，目的不在杀人，而是保卫自己。阿拉伯人现在为独立而战，也正是为了防卫，如同我那时的短刀一样。

纳赛尔：(大喜)阁下说得真好，以后欢迎你每年都来这里。

此时，日本议员顺势转入正题，开始谈两国的关系与贸易，并愉快地合影留念。

日本人的套近乎策略终于产生了奇效。

在这场会谈的一开始，日本人就把总统称作上校，降了对方不少级别。挨过英国人的骂，按说也不是什么光彩事，但对于军人出身，崇尚武力，并获得自由独立战争胜利的纳赛尔听来，却颇有荣耀感。接下来，日本人又以读过他的《革命哲学》，称赞他的幽默与人情味，并进一步称赞了纳赛尔进行战争的正义性。这不但准确地刺激了纳赛尔的"兴奋点"，而且百分之百地迎合了他的口味，使日本议员说的话收到了预想的效果。日本议员先后五处运用寻找共同点的办法使纳赛尔从"不感兴趣"到"十分兴奋"而至"大喜"，可见日本人套近乎的功夫不浅。

在与人交往中，懂得运用恰当的语言和对方"套近乎"，就能够迅速消除彼此之间的陌生感，缩短相互之间的感情距离，营造出和谐的气氛，建立起融洽的关系，同时也给对方留下了一个良好的印象。那么，应该怎样与人"套近乎"呢？

第一，通过同乡关系来"套近乎"。

同乡关系属于较为亲密的关系，能够给人一种温馨的感觉，使彼此之间比较容易建立信任感。在初次见面的时候，如果突然得知面前的陌生人与自己有某种关系，会使人产生一种惊喜的感觉。所以，在交谈时，你不妨利用老乡的关系来和陌生人"套近乎"，快速地拉近彼此之间的距离，说不定还能使双方一见如故。

平时，在与初次见面的人交谈时，我们常常会问："你是哪里人？"当知道对方的籍贯之后，如果你对对方说："我曾经去过那个地方。"对方可能马上就会对你产生一种亲切感，双方之间的感情距离也就因此大大缩短了。

从心理上分析，每个人的潜意识中都存在一种"排他性"，即对自己或与自己有关的事物通常会不自觉地表现出更多的兴趣和热情，而对跟自己无关的事物则有一定的排斥心理。因此，在交谈中，利用同乡关系，就能使双方意识到彼此的距离其实很"近"，进而就能很容易地缩短彼此之间的感情距离，形成坦诚相谈的气氛。

第二，以感谢的方式来"套近乎"。

一般来讲，每个人都会因为他人的感激而感到高兴。面对一个曾在无意之中帮助过自己的陌生人，你不失时机地表示感激，这样不但能够当面向对方表达谢意，还能在无形之中拉近彼此之间的感情距离，加深彼此之间的感情。

某大学的外国语学院准备举办元旦联欢晚会。在排练现场，刚刚加入学生会的大一新生张亮需要和正在读大三的学生会干部丁军一起负责组织协调工作。张亮和丁军接触时说的第一句话就是："开学时就是你帮我安置床铺的。""是吗？"丁军惊喜地说。接着，两人很快熟悉起来，彼此之间的话题也多了起来。两人一起很出色地完成了排练现场组织协调工作。作为学生会的"老干部"，丁军的确帮过不少同学的忙，不过开学之初总是人多事杂，他也记不得了曾经帮过张亮的事情了。而张亮恰到好处提起了这些，给丁军带来很大的惊喜，也使两人之间的感情距离拉近许多。

第三，通过谈论对方的外貌来"套近乎"。

其实，每个人最感兴趣的话题就是谈论自己，尤其是对有关自己相貌的话题，每个人都会或多或少地表现出兴趣。在人们初次见面时，也总会在陌生人的面孔上寻找自己亲朋好友的影子，说"你长得好像某某某……"之类的话。所以，在与陌生人交谈时，恰当地用谈论对方外貌的方法来"套近乎"就是一种很不错的交际方式。

善于交际的张华和沉默寡言的邓伟初次见面时，张华很巧妙地把话题引向这位新朋友的相貌上。"你长得太像我的一个表弟了！我刚才差点把你当成他了！你们俩都是大高个儿，白净脸，都有一种沉稳的气质……他也有这么一件深蓝色的西服……你们俩的样子还真像嘞！""真的？"邓伟眼里闪烁着惊喜的光芒。两个人的话匣子就此打开了。我们不得不佩服张华谈话的灵活性。他把邓伟和自己的表弟相提并论，也就等于在无形之中缩短了两人之间的感情距离，他在接下来描述两人的相貌时，顺便巧妙地不露痕迹地赞美了对方，因而使这个不善言谈的新朋友也动了心，愿意和张华倾心交谈。

第四，通过剖析对方的名字来"套近乎"。

名字不仅是一个代号，在很大程度上是一个人的象征。在初次见面时，把对方的名字挂在嘴边，会使对方产生愉悦的感觉。如果能够进一步对对方的名字进行恰当的剖析，那就更加能够赢得对方的好感。

套近乎是交际中与陌生人、尊长、上司等沟通情感的有效方式，使用恰到好处的语言与对方"套近乎"可以迅速地缩短双方的感情距离，但要注意选准角度、选好方式，才能自然而然地完成双方从陌生到熟悉的过渡。

装聋作哑平事端

在人们的交往过程中，有时候装聋作哑反而是一种最佳的说话技巧。因为，在某种特定情况下，说话不一定能达到目的，而用装聋作哑的方式宽恕他人的过错，反倒可以不露痕迹地圆满解决问题。

唐代宗算不得一个明君，但他也曾以不变应万变的说话方式，施展装聋作哑术，平息了一场不大不小的纷争。

唐代宗时，郭子仪在扫平安史之乱中战功显赫，成为复兴唐室的元勋。唐代宗因此而十分敬重他，并且将女儿升平公主嫁给郭子仪的儿子郭暧为妻。这小两口都自恃有老子作后台，互不服软，因此口角不断。

有一天，小两口因为一点小事又拌起嘴来，郭暧看见妻子摆出一副公主架子，根本不把他这个丈夫放在眼里，愤懑不平地说："你有什么了不起的，就仗着你老爸是皇上！实话告诉你吧，你爸爸的江山是我父亲打败了安禄山才保全的，我父亲因为瞧不上皇帝的宝座，所以才没当这个皇帝。"在封建社会，皇帝唯我独尊，任何人想当皇帝，就可能遭到满门抄斩的大祸。升平公主听到郭暧敢出如此狂言，感到一下子找到了出气的机会和把柄，立刻跑回宫中，向唐代宗汇报了丈夫刚才这番图谋造反的话。她满以为，皇父会因此重惩郭暧，替她出口气，而唐代宗听完女儿的汇报，不动声色地说："你是个孩子，有许多事你还不懂得。你丈夫说的话都是实情。天下是你公公郭子仪保全下来的，如果你公公想当皇帝，早就当上了，天下也早就不是咱李家所有了。"并且对女儿劝慰一番，叫女儿不要抓住丈夫的一句话，乱扣"谋反"的大帽子，小两口要和和气气地过日子。在皇父的耐心劝解下，公主消了气，自动回到了郭家。

这件事很快传到了郭子仪的耳中，可把他吓坏了。平常小两口打架不要紧，儿子口出狂言，几近谋反，这着实叫他恼火万分。郭子仪即刻令人把郭暧捆绑起来，并迅速到宫中面见皇上，要求皇上严厉治罪。可是，唐代宗却和颜悦色，一点儿也没有怪罪的意思，还劝慰说："小两口吵嘴，话说得过分点儿，咱们当老人的不要认真了。不是有句俗话：'不痴不聋，不为家翁'？儿女们在闺房里讲的话，怎能当真。咱们做老人的听了，就把自己当成聋子和傻子，装作没听见就行了。"听到老亲家这番合情人理的话，郭子仪的心里就像一块石头落了地，顿时感到十分轻松，眼见的一场大祸化作芥蒂小事。

夫妻之间在气头上，往往会说出一些激烈的言辞。如果句句较真儿，就将家无宁日。杀人不过头点地，自己又能得到什么好处？唐代宗用"老人应当装聋作哑"，来对待小夫妻吵嘴，不因女婿讲了一句近似谋反的话而无限上纲、大动杀机，而是化灾祸为欢乐，使小两口重归于好。他的这笔利弊得失的账算得很明白。有些事情，你非要硬去较真儿，就会愈加麻烦，相反你若装痴作聋，反而会有一个满意的结果。唐代宗对郭子仪说的那番话圆滑老练之至，说明其说话的修养已达相当高深的境界。

并不是所有的时候都适合快言快语地解决问题，在特定情况下，用装聋作哑来息事宁人，也不失为一种高妙的说话技巧。

迂回说服，暗中攻心

生活中，当我们很难做到直接而有效地说服别人时，我们往往采取迂回的战术，避开正面的语言交锋，而从侧面寻找突破口，循循善诱地说服别人。迂回诱导能够增加说服力，往往能够激起对方思想上的波澜，让对方在思考中明白事理。

在日常生活中，针对某些人我们可以不露声色地迂回说服，使说服对象通过自己的体会和联想，领悟出说者的用意，从而达到教育、说服的目的。

通常之所以采用迂回诱导的说服方法，往往是因为问题比较复杂或者对方怀有抵触心理，而不方便直接说服。

登山之路，迂回曲折，多绕一点路，却能顺利达到山顶。以诱导技巧说理，尽管多费一点口舌，却能使对方心悦诚服。

赵惠文王驾崩，由孝成王继位。当时孝成王还年幼，就由他的母亲赵太后摄政。秦国趁机大举攻赵，赵太后转而向齐国求援。齐国提出了严厉的条件——"一定要以长安君作为人质，否则就不出兵。"长安君是孝成王最小的弟弟，赵太后最小的儿子。

赵太后听后很坚决地拒绝了齐国的要求，无论重臣们如何竭力劝谏，她就是不答应，还说："如果再有人让我把长安君送去当人质，我就将口水吐到他的脸上。"然而，左师触龙却以迂回诱导，寓情于理的说话方法，说服了赵太后。

左师触龙故作若无其事的样子，慢慢地走了进来，首先抱歉地说："我的脚有点毛病，行走困难，所以有段时日未向您请安，但又担心太后的健康状况，所以前来见……"

赵太后问道："这段时日饮食方面怎么样呢？"

触龙答道："都是吃粥。"

"我最近也是食欲不振，所以我每天要固定地散散步，以增加食欲，也可以使身体健康一些。"太后说道。

一阵寒暄之后，赵太后的表情才稍稍缓和了下来。

触龙又说："我有个小儿子，名叫舒祺，非常不成器，真叫我感到困扰。我的年纪也大了，希望在我有生之年向太后请求，给他个王宫卫士的差事，这是我一生的愿望啊！"

"可以，他今年多大了？"

"15岁，或许太年轻了，但我希望能在生前将他的事情安排好……"

"看来你也是疼爱小儿子的。"

"是啊，而且超过了做母亲的。"

"不，母亲才是特别疼爱小儿子的。"

触龙以为小儿子舒祺谋事作借口，终于引出了赵太后的小儿子——长安君的话题："是吗？我觉得太后比较疼爱长安君嫁到燕国的姐姐。"

"不，我最疼爱的是长安君。"

触龙说："如果疼爱孩子，一定要为他考虑到将来的事。当长安君的姐姐出嫁时，你因不忍离别而哭泣，之后又常常挂念她的安危而掉泪，每当有祭拜时，你一定祈求她'不要失宠而回赵国'，而且希望她的子孙都能显能达贵，继承王位。"

"是啊，是这样的。"

"那么请你仔细想想看，至今为止有哪位封侯的王族能持续三代而不坠的。"

"没有。"

"不只是赵国，其他的诸侯怎么样呢？"

"也没有听说过。"

"为什么呢？所谓祸害近可及身，远可殃及子孙。王族的子孙并非全是不肖者，但是他们没有功绩而居高位，没有功劳而得到众多的俸禄，其最终结果就是误了他们。现在您赐给长安君以崇高的地位、肥沃的封地，却不给他建立功绩的机会，您百年之后，长安君的地位能保得住吗？所以我认为您并没有考虑到长安君的将来，您所疼爱的是长安君的姐姐。"

赵太后被触龙的话说服了："好吧，一切就按照你的意思去做！"

左师触龙运用迂回诱导的方法，一步步地说服了赵太后。

生活当中也有不少这样的例子：当你要求别人做一件事，或是指责别人哪里有过失的时候，你要尽量选择对方感到有回旋的话，把主动权仿佛送给了对方。例如某一员工衣帽不整，有碍企业形象，你可以说："这样还算挺好的，但如果能够再把这个颜色换一下，会更好些。"这样的话语就会使员工乐于接受，也就心悦诚服地改正。

委婉的语言往往让听者认为你是为他着想，或者感到合情合理，这就容易达到教育或启迪他人的目的。

在实践中，迂回诱导法主要用于以下两种情形：

第一，对方提出的问题，你不能如实答复，也不便直接否定，这时不妨借用对方的观点作出迂回的表达。

第二，如果对方的论证没有理性，使你难以接受其观点，这时不妨也非理性地提出对抗性的命题，当对方表示质疑的时候，你就可以以此反驳对方原来的结论。

由此可见，在我们说服别人的过程中，不能只讲空洞的大道理，而应该把道理讲得具体而生动，循序渐进地把道理说明白，诱导听者进行思考，使听者在思考中接受你的说服。迂回委婉的表达方式，语言得体，还可以增加语言的丰富性和生动性，达到"言有尽而意无穷，众意尽不在言中"的效果。

绵里藏针，直扎要害

在与他人辩论是非曲直时，如果面红耳赤，唇枪舌剑，常常容易说出动气的话，这就很可能成为人际关系破裂、矛盾激化的源头。

人与人之间应该以和为贵。如果把好话当作恶话说，即使不导致事业失败，至少也是不会说话。假如听话的一方是你的顶头上司，或是关系到自己的事业成败的关键人物，那么跟他们说话时就更要讲究技巧。该说的话不能不说，根本利益不能牺牲，原则不可抛弃，但关系又不可弄僵，彼此的面子与和气不能伤害。这就要先赞赏对手，承认对手的实力、地位、权威。这样，对方就会对你产生极好的印象，从而也会乐意接受你的建议或者要求。

这种以屈为伸、绵里藏针的口才比直来直去、当面锣对面鼓地否定他人的效果要好得多，当然要做到这一点，是需要很高的修养与智慧的。

战国时，齐景公的一匹爱马突然死去，当时，齐景公非常伤心，非要杀掉马夫以解心头之恨。各位大臣一齐劝阻齐景公，不可为一匹马而伤害了一个人的生命，再说这件事也不是马夫的错。此时的景公正在气头上，谁的话也听不进去。

这时，相国晏婴却站在了景公一边，十分支持景公杀马夫。并且，晏婴把马夫叫到景公面前，历数马夫三大罪状："你不认真饲马，让马突然死去，这是第一条死罪。你让马突然死去，又惹恼君主使君主不得不处死你，这是第二条死罪。"

晏婴痛诉马夫的前两条死罪时，听得景公心中真是乐滋滋的。可是，晏婴接着说出马夫的第三条罪状："你触怒国君因一匹马杀死你，使天下人知道我们国君爱马胜于爱人，让别国因此而看不起我们的国家，这更是死罪。"听完晏婴的三条罪状后，景公再也笑不起来了。当晏婴大喝一声："来人，按大王的旨意，还不推出去斩了！"景公这时才如梦初醒，赶紧对晏婴说："相国息怒，寡人知错了。"

晏婴没有正面批评景公，却达到了最终批评景公的目的，这就是说话顺着摸、以和为贵的好处。

"绵里藏针"能制敌，但点不准穴位往往反而被对方所制。所以在说话劝服对方时"针"要扎得准，要能一语中的。"绵"要能以柔克刚，消弭对方的火气于无形，为深入的谈话做好准备。这样的说话技巧，可使对方诚心接受批评。

春秋时期，齐国的大夫宁戚去见宋桓公。待宁戚向宋桓公行过大礼之后，只见宋桓公面露不屑，根本不正眼看宁戚，态度非常傲慢。

宁戚见此情景，叹了口气，故意说道："宋国真是危险啊！"

宋桓公惊讶地问道："先生这话什么意思？"

宁戚反问道："您和周公相比，谁会更贤明呢？"

"周公是圣人，我怎么敢和圣人相比！"宋桓公答道。

宁戚于是接着说道："在周朝最强盛的时候，周公辅政，周公只要听说有人要见他，即使是正在嚼着饭，也会急忙把饭吐出来，去会见客人。即便是这样，他还怕怠慢了客人。"

"可是，大王您呢？宋国现在已经国势危急，国内接连发生杀死国君的事情。大王您的王位并不可靠，就算您像周公那样礼贤下士，大家恐怕也不愿意到您这儿来，何况您还这样傲慢呢？宋国的处境难道还不危险吗？"

宋桓公这时已经羞得满面通红，连忙向宁戚道歉："我没有治国的经验，请先生不要介意。"

能言善辩的宁戚将周的强盛与宋的衰落，周公的谦逊与宋桓公的傲慢进行了对比，使宋桓公从中受到强烈的震撼，使话语达到应有的效果。

"绵里藏针法"的运用常常跟喂小孩子吃苦药的道理一样，要用糖衣包着药片，或者就着糖水送服，招数因人而异，道理却一通百通。

春秋时期的晋灵公奢侈腐化。他曾下令兴建一座九层高的楼台，群臣劝阻，于是他干脆下了一道命令，敢劝阻建九层台者斩首。这样一来便没人敢说话了。

有一位叫孙息的大臣很招灵公喜欢。他就告诉灵公说他能把九个棋子摞起来，上面还能再摞九个鸡蛋。灵公听了，觉得这事儿挺新鲜，立即要孙息露一手让他开开眼界。孙息也不推辞，就把九个棋子摞在一起，接着又小心翼翼地把鸡蛋往棋子上摞，放第一个，第二个……

孙息自己紧张得满头大汗，战战兢兢。看的人也大气不敢出一口。因为孙息倘不能把鸡蛋摞好，就犯了欺君杀头大罪。

这时，灵公也憋不住了，大叫："危险！"孙息却从容不迫地说："这算什么危险，还有比这更危险的事哩！"灵公被孙息勾起了好奇心："还有什么比这更危险？"

孙息便掂掂手中的鸡蛋，慢条斯理地说："建九层台就比这危险百倍。如此之高台三年难成，三年中要征用全国民工，使男不能耕、女不能织，老百姓没有收成，国家也穷困了。而国家穷困了，别国便会趁机打进来，大王您也就完了。您说这不比往棋子上摞鸡蛋更危险吗？"

灵公听后，吓出一身冷汗，立即下令停工。

有时人在气头上，是很难听进别人的诤言相劝的。何况他还有无上的权力，那更是老虎屁股摸不得。"绵里藏针"法却每每在这样的关键时刻，起到扭转乾坤的作用。

生活中，有些脾气暴躁的人，动不动就大声指责别人，这样做势必会让对方心里厌烦。因此，用这种方式不仅不能达到自己的目的，还会背离自己的目标。在说服别人时，一定要以此为戒。但是，如果一味地忍让，一心顺着对方，又会长他人志气灭自己威风，对自己也没有什么好处。在这种情况下，就要抓住切入点和突破口，既不得罪对方，又让对方心甘情愿地接受自己的建议。

第九章 日常应酬中的心理博弈术

应酬是人与人交往的一种沟通艺术。它存在于生活的每一个角落里，是为人处世非常重要的一门学问。生活中随处都需要应酬，如何把难办的事办好，把难应付的人应对好，这体现了一个人的智慧。应酬的实质就是人与人的心理博弈，只要洞察并掌握了他人心，你就能够巧妙地应对人情世故，给你的日常生活增添一抹亮色。

应酬要保持良好的形象

一般来讲，成功应酬的基础就是在交往中给对方留下好印象，让对方喜欢、接受自己。如果一个人的形象很差，从直观上让别人不喜欢，就会对关系的建立带来心理上的不利影响。

哈佛商学院在《事业发展研究》中指出："事业的长期发展优势中，视觉效应是你的能力的九倍。"我们通过美国两次总统竞选的例子，就可以清晰地看到形象对一个人的重要作用。

1980年与里根竞选总统的杜卡基斯，这个祖先是希腊籍的小个子民主党领袖，无论外表还是声音，无论演讲还是表演，在英俊、高大、富有感召魅力的里根的衬托下，越发显得"不像个领袖"，因而落选。而演员出身的里根用自己的微笑、声音、手势、服装及高超的演技，表现出一个具有迷人魅力的领袖形象，从而掩盖了他在知识和智力上的不足。

1960年尼克松与肯尼迪之争中，老牌政治家尼克松似乎在资历上占有绝对的优势，但是却忽略了对自己外表的包装，以至于贵族家庭出身的肯尼迪评价他："这家伙真没有品位！"受到家族的影响，肯尼迪懂得如何利用自己的外在优势获取选民的信任。在他与尼克松的电视辩论上，年轻、英俊、风流倜傥的肯尼迪浑身散发着领袖的魅力，看起来坚定、自信、沉着，不仅能够主宰美国的政坛，而且能平衡世界的局面。在电视节目中的一个握手动作上，就使得一位政治评论家宣称"肯尼迪已经获胜"。当他提出"不要问国家能为你做什么，问一问你能为国家做什么"的口号时，激起美国民众上下一片的爱国热潮。他是美国人理想的领袖形象。几十年过去了，他的形象一直让人难以忘怀，是世界领袖的标准形象。克林顿就是受到肯尼迪的影响，从小立志从政，他以肯尼迪为榜样，终于成为美国总统。在克林顿的身上，正反两面，都有肯尼迪的影子。尽管他是美国历史上丑闻最多的总统，但是他在每一次事件中都能够安然过关，人们一次次由于他富有魅力的形象而原谅他的不检点。相比之下，尼克松一次水门事件就被迫离开了白宫。

西方有句名言说得好："你可以先装扮成'那个样子'，直到你成为'那个样子'。""看起来像个成功者和领导者"在你的事业中会为你敞开幸运的大门，让你脱颖而出。民主选举时，由于你"像个领导"，人们会投你一票；提拔领导时，由于你"像个领袖"，你会被领导和群众接受；对外进行商务交往，由于你"像个成功的人"，人们愿意相信你的公司也是成功的，因而愿意与你的公司进行交易。

如果对于个人形象缺乏注意，而只着重发展自己的能力，那么成功的速度将会变得缓慢。所以说，一个人的形象是非常重要的，别人对你或你对别人都是这样。所以只要抓住人人都注重先入为主这个特点，从一开始就从树立良好的形象这一策略入手，保证在应酬中能起到事半功倍的作用。

要创造良好的个人形象，首先要注意服装及仪表。一个蓬头垢面、衣衫不整的人站在你面前，一定会令你生厌。服装也并不一定要赶时髦，最要紧的是得体大方、干净整洁。

人们总是喜欢那些看上去感觉舒适、有美感的人。姣好的长相、匀称挺拔的身材、美观大方的服饰均能增添人的仪表魅力，给人以舒服、美好的感觉。如果说人的天生长相、身材长短难以变更，而服饰却是可以变化的。整洁美观的服饰是人们用以改变自己或烘托自己形象的最好、使用最频繁的"武器"。因此，我们要学会运用这一武器来"武装"自己。

通常来讲，仪表是一个人的外在表现，好的仪表也离不开内在气质的烘托。不仅仪表要吸引人，还要从谈话方式、谈话内容等方面去吸引人，用内在的东西给他人留下深刻印象。

芭芭拉·瓦尔特斯曾经说过："在你的一生当中，有一些时候，命运会取决于你给人留下什么样的印象——其中包括寻求配偶的阶段和谋职期间。在这种时候，你是不应屈居第二位的。"

怎样尽可能最大限度地把自己的长处表现出来，给对方留下美好并且深刻的印象，是一种可贵的本领。

成功者善于显示和宣传自己的长处。不论在什么场合，他们总是以自己在专业和社交两方面的谈吐举止尽可能给人们留下好感。

芭芭拉·瓦尔特斯回忆了她初次同阿曼德·哈默会面的情景。哈默是杰出的金融家，艺术品收藏家和著名的慈善家。他朝气蓬勃、充满活力。芭芭拉·瓦尔特斯发现他非常善于言谈，待人友善，毫无矫饰，使人为之倾倒。

他对芭芭拉·瓦尔特斯讲述了他过去的经历，他的热忱是很有感染力的。他本来是个医科学生，经过奋斗成为石油大王——这段不寻常的经历深深吸引了芭芭拉·瓦尔特斯，听他慢慢讲述自己的经历，就像是看一部英雄人物的纪录影片。

每次见面，他都会详详细细地讲述自己一件件的往事——由于他眼光远大，胸怀大志，锲而不舍并把握机会，所以克服了许多难于逾越的障碍。听了他的经历，芭芭拉·瓦尔特斯认识到他的价值，不只在于他取得的卓越成就，而且在于他对他人的真诚。

哈默懂得如何表现自己，假如他对自己的才干保持缄默，是不会攀登到国际石油界和金融界的高峰的。他很善于让他人了解他的卓越才能。

如果你在与人交际的时候有上述的不足或欠缺，那么赶快去改变吧。良好人脉的建立，是从改变形象开始的。

给人面子就是给己面子

所谓的面子就是要懂得尊重对方。特别是在公开的场合，要掌握不要为一些无原则的小事情而让对方觉得颜面尽失的技巧。

生活中的有些人可以吃闷亏，也可以吃明亏，但就是不能吃没有面子的亏。这也就是很多圆滑世故的人，绝不轻易在公开场合说一句批评别人的话的原因。宁可高帽子一顶顶地送人，这样既能保住别人的面子，别人也会如法炮制，还你面子，彼此心照不宣，尽兴而散。

有位资深的学者，他每年都会受邀参加某单位的杂志评鉴工作。这份工作虽然报酬不多，但却有很高的荣誉，许多人想参加却找不到门路，也有人只能参加一两次，就再也没有机会了。问他为何年年有此"殊荣"，他在年届退休，不再参加此项工作后才公开秘诀。他说，他的专业眼光并不是关键，他的职位也不是重点，他之所以能年年被邀请，是因为他很会给别人面子。

据他说，他在公开的评审会议上一定要把握一个原则："多称赞、鼓励而少批评，在公开场合要给别人面子，不能在大庭广众之中把别人批评得一无是处。当然，我也不是只做表面文章净说大话，在会议结束之后，我会找来杂志的编辑人员，私底下告诉他们编辑上的缺点。"因此虽然杂志有先后名次，但每个人都保住了面子。因为他顾虑到别人的面子，因此无论是承办该项业务的人员还是各杂志的编辑人员，大家都很尊敬他、喜欢他，当然也就找他当评审了！

如今的年轻人常常自以为有见解、有口才，逮到机会就大发宏论，不给别人留下丝毫的面子。有时还会把别人批评得脸红一阵白一阵，他自己则大呼痛快。其实这种举动正是在为自己的祸端铺路，总有一天会吃到苦头。

其实，给人面子并不难，像上述的那位学者一样，懂得赞扬和批评有一定的分寸和场合。既坚持原则性，也要讲究灵活性，既坚持真理，也不能得理不饶人，也要给人以面子，只有这样，自己才能够有面子。

通用电器就曾很好地处理过一件棘手的事情，他们既给了员工面子，又很好地协调了员工工作的积极性。当时，他们面临一项需要处理的工作：免除一位职员担任某一部门的主管。这位职员在电器方面是一个天才，但在担任计算部门主管期间却是彻底地失败。然而公司却不敢冒犯他——公司绝对不能解雇他，而他又十分的敏感。于是他们给了他一个新头衔，让他担任"通用电器公司顾问工程师"，这项工作还是和以前一样，只是换了一项新头衔——并让其他人担任了部门主管。

这位职员当然十分高兴。通用电器公司的上层人员也很高兴。他们已温和地调动了这位"最暴躁的大牌明星职员"，而且他们这样并没有引起一场大风暴——因为他们让他保住了面子。

保住别人的面子，其实就是在给别人一个悔改的机会。人人都有虚荣心和自尊心。只不过很多人总是爱扫别人的兴，出言不逊，或做法过激，当面让同事面子挂不住，以致撕破脸皮，互不相让，翻脸成仇。仔细想想，多一个朋友总比多一个敌人要好得多。因此，做人还是要懂得他人的感受，不要把事情做绝，给他人面子也是给自己留有余地。

贾玲是一位产品包装业的行销专家，她的第一份工作是一项新产品的市场测试。可是，她却犯了一个大错，导致整个测试都必须重来一遍。当她开始向上司报告时，她恐惧得浑身发抖，以为上司会狠狠训她一顿。可是上司不是她想象的那样，而是谢谢她的工作，并强调在一个新计划中犯错并不是很稀奇的，而且他有信心等待第二次测试对公司更有利。上司保留了贾玲的面子使她深为感动。果然第二次测试她进行得十分成功。

时刻要想到保留他人的面子，这是非常重要的问题！而我们却很少有人考虑到这个问题。许多人经常喜欢摆架子、我行我素、挑剔、恫吓，在众人面前指责别人，却没有考虑到是否伤了别人的自尊心。只要我们多考虑几分钟，讲几句关心的话，为他人设身处地地想一下，就可以缓和许多不愉快的场面。实际上，如果你是个对面子无所谓的人，那么你必定是个不受欢迎的人。如果你是个只顾自己面子，却不顾别人面子的人，那么你注定有一天会成为吃亏的人。

《圣经·马太福音》中说："你希望别人怎样对待你，你就应该怎样对待别人。"真正有远见的人不仅在与同事一点一滴的日常交往中为自己积累最大限度的人缘，同时也会给对方留有相当大的回旋余地。

给别人留足面子，实际上也是在给自己挣面子。我们每个人都希望自己能够有面子，但这就要求我们不能只顾自己的面子。谁的心理都有最后的一道防线，一旦你摧毁了别人的这道防线，不给人家台阶的，那么别人也只有采取最后的一招——自卫和反击。因此，我们应该知道，给别人台阶下，给足别人面子，就会多交许多朋友，每驳一次面子你就会增加一个敌人。

尊重别人就是尊重自己

现代社会中，尊重别人是最普通和重要的价值观。因此在处世中，要尊重所有人，包括那些不喜欢你的人，这就是马斯洛定律。

生理上的需求是人们最基本、最单纯的需要，但人类不会永远安于最低级的需求。在生理需求被满足后，就会追求社会认同，追求他人认同，以及心理上的其他较高级的要求。当这一切获得满足后，他们尤其渴望获得尊重，希望人格与自身价值被承认，这是人类共同的特质。因此在社交中，无论对方的地位是高贵还是卑微，我们都应该百分之百地尊重对方。

爱默生曾说过："宁可让人待己不公，也不可自己非礼待人。"的确，无论对谁，我们都没有轻慢他人的权利。当我们恭敬地对待身边的每一个人时，也同时获得了他人的尊重。

古时候，一位国王在带领大臣们狩猎的途中，遇到了一个名叫阿达的乞丐。国王见阿达眉宇间透着一股英气，虽然衣衫褴褛，但掩饰不住他身上独特的气质。于是，国王下马道："年轻人，你愿意跟随我，做我的侍卫吗？我保证你衣食无忧。"阿达一听，大喜，忙跪下磕头谢恩。

于是，国王把他带回王宫。阿达经过一番梳洗并换上侍卫的衣服后，果然显得英气逼人，而且他还具备一般人所不曾具有的智慧。

两个月后，国王便升他为卫队长。年轻人为了报答国王的知遇之恩，不仅带领士兵们尽心尽力地保护国王和维护王宫的安全，还积极地为国王出谋划策，向他建议极有价值的治国方针。

然而，围绕在国王身边的一些小人却对这位年轻人的受宠感到极为不满。于是，他们不断地在国王耳边说："那小子不过是一个乞丐，你没有必要赐给他锦衣玉食。"

"让他滚得远远的吧，我看他现在骄傲得很，准是没安好心。"

国王在众小人的挑拨下，慢慢地不再信任和重用阿达了。有时，国王甚至在宴会上当着文武百官的面说："喂！小乞丐，如果没有本王，你现在肯定还是一个又臭又脏的乞丐，不，或者早已饿死，被野狗们分吃了。"或者说"小乞丐，过来学两声狗叫，让本王开开心。"每每此时，那些大臣们便附和着国王的笑声，恣意地朝阿达吐唾沫，或者是更为恶劣的嘲笑。

终于在一天的早晨，阿达不辞而别了。国王很是不解，心想："难道他不习惯王宫里的锦衣玉食，又回去做他的乞丐了吗？"

的确，阿达现在又是一个又脏又臭的乞丐了，但他离开王宫的原因不是不习惯那里的锦衣玉食，而是无法忍受国王对自己的不尊重。因此，他宁愿放弃优厚的物质生活，去当一个自由自在的乞丐。

可是在现代社会里，很多人在处世中并没有明白这一道理。他们一方面希望获得周围人的尊重、爱戴，一方面却用自己手中的权势去打压、排挤那些威胁到自己地位、利益的人，或者是散布流言蜚语去中伤别人。这些手段也许能够获得他人对自己一时的尊敬，但这种尊敬不会长久，因为它不是出自对方的真心。只有先弯下腰，恭敬地对待他人，才能获得他人真心的爱戴。

下面这个小故事讲的就是这个道理。

古时候，有一位姓王的官员被朝廷派到杭州为官。有一天他管辖的一位姓赵的小吏到他家中来拜访，他用接待宾客的礼节请小吏就座。恰好有个书吏从外面进来，见到这种场面便慌忙避开。等到客人走后，书吏进来对这位王官员说："姓赵的那个小吏是你的下属，受你这么体面的接待，是不是有些过分了？"没想到这位官员说："在公府，有地位高低的区别。而在家里，就应有主客之分。我们这些身居要职的人，只要做到清正廉洁，那么下属自然会敬服你，何必用威势和骄横来压制他们，以此来树立自己的尊严呢？"书吏听完后感到十分惭愧。

显然，这位王官员的做法是值得称道的。他在恭敬地对待下属的同时，也为自己赢得了尊重。

要知道，给人面子，就是给自己面子。在如今的社会里，一个懂得交际艺术的人，即使你知道自己的观点是完全正确的，在说服别人接受的时候也会力求保住对方的面子，这样做的结果是别人自然会认为你是宽容的、明智的而乐意和你交往。

亲切称呼缩短彼此距离

称呼，是待人接物时说出的第一个词，它也是进入社交大门的通行证，称呼得体，可以拉近双方的距离，称呼不得体，就会引起对方的不快，使双方陷入十分尴尬的境地。

有这样一个故事：从前有个年轻人骑马赶路，眼看已近黄昏，可是前不着村，后不着店。正在着急，忽见一位老者从这儿路过，他便在马背上高声喊道："喂！老头儿，离客店还有多远？"老人回答："五里！"年轻人策马飞奔，急忙赶路去了，结果一口气跑了十多里，仍不见人烟，他暗想，这老头儿真可恶，说谎骗人，非得回去教训他一下不可。他一边想着，一边自言自语道："五里、五里，什么五里！"猛然，他醒悟过来了，这个"五里"，不是"无礼"的谐音吗？于是拨转马头往回赶，追上了那位老者，急忙翻身下马，亲热地叫声："老大爷！"话没说完，老人便说："客店已过了，如不嫌弃，可到我家一住。"

这则故事之所以流传很广，是因为它说明了一个朴素的道理：与人交往中，称呼是个大问题，称呼好了，对方自然会高兴，但如果称呼不当，那就麻烦了。例如故事中的年轻人，他就因为对老人的称呼太无礼，结果被老人教训了一顿，但当他礼貌地称呼老人时，老人也改变了态度，亲切地邀请他做客。

那么，怎样称呼才算得体呢？这要根据对方年龄、身份、职业等具体情况和交往的场合，以及双方关系来决定。

第一，亲戚之间的称谓。亲属之间，对长辈应以亲属称谓相称，如爷爷、奶奶、爸爸、妈妈、姑姑、舅舅等。称呼长辈的姓名、职务、身份、职业等都是不礼貌的。对平辈，可相互用亲属称谓或加排行序列称谓相称，如哥哥、妹妹、二哥、三妹等；夫妻之间可以姓名相称，俩人在一起时，可用昵称，但不宜在父母面前、孩子面前和公开场合使用。

第二，熟人之间的称谓。对关系较密切的熟人，可大致仿照自己亲属的性别、年龄、身份等来确定相应的称呼，还可以"姓加亲属称谓""名加亲属称谓""姓名加亲属称谓"称呼，如"李奶奶""杜叔叔"等。

在一些正式、公开的场合，可以称呼熟人职务、职业，也可以"姓加职务、职业称谓""名加职务、职业称谓""姓名加职务、职业称谓"相称，如"汪厂长""李处长"等等。

年纪较大、职务较高、辈分较高的人常对年纪较轻、职务较低、辈分较小的人称呼姓名，这种称呼明快直爽。反之，年纪较轻、职务较低、辈分较小的人对年纪较大、职务较高、辈分较高的人直呼姓名，则是没有礼貌的表现。

朋友、同学、同事之间，因为相处长了，称呼可以随便一些，可在姓氏前加"老""小""大"等，如"老丁""小陈"等。

第三，对陌生人的称谓。一般来说可以用以下几种方法：一是用通称。可根据人的具体年龄、性别、职业等情况称"同志""朋友""师傅""先生""小姐"等。对男性一般可以称"先生"，未婚女子称"小姐"，已婚女子称"夫人""女士"或"太太"，若已婚女子年龄不是太大，叫"小姐"，对方也不会反感。而称未婚女子为"夫人"就是极不尊重了。所以，宁肯把"太太""夫人"称作"小姐"，也不要冒失地称对方为"夫人""太太"。一般说成年的女子都可称"女士"。二是可以亲属称谓相呼，可根据对方的性别、年龄等情况，以父辈、祖辈、平辈的亲属称谓相称，如"大伯""阿姨""老爷爷""大娘""大嫂""大姐"等。称呼对方"大嫂"还是"大姐"时，必须谨慎从事，因为对方婚否不好确定，在没有把握的情况下，称"大姐"比较稳妥。

另外，不同的地域、不同的生活习惯，造就了不同的方言，所以还要特别注意方言间称呼的异同。几个年轻人结伴到承德避暑山庄去旅游。这天他们从避暑山庄出来，想去八王庙，为抄近路，两个小伙子上前去问路，正好遇见一个卖雪糕的姑娘。一个小伙子上前有礼貌地叫了声："小师傅！"开始这姑娘没有答应，小伙子以为她没听见，又高声叫了一声。立刻激怒了这位姑娘，她嘴上也不饶人，气呼呼地说话："回家叫你娘小师傅去！"两个小伙子还算有涵养，压了压火气，没有发作。本来是有礼貌地问路，反倒挨了一顿骂，这是为什么？后来他们才知道，当地农民把和尚、尼姑称为师傅，难怪那位姑娘发脾气。

像这种用错称呼的情况在生活中并不少见，所以去外地时，应对当地的民俗情况略作了解，最好是根据不同的职业称呼对方，不管遇到什么人都口称"师傅"，就很容易闹出笑话。

称呼人时要因人而异、因地而异，沟通都是从称呼开始的，得体、有礼的称呼会让你在与他人的交往中更受欢迎。

学会给人戴"高帽"

在与人交往时，恰当地给对方戴上一顶"高帽子"，不仅可以获得好人缘，还可以使双方在心理和情感上靠近，缩短彼此间的距离。

一天早晨，当苏格兰都柏林的一位牙医里奇·费伦特接待一位新的病人时，这位病人指出她用的漱口杯、托盘不够干净，他真的震惊极了。不错，她用的是纸杯，而不是托盘，但生锈的设备，显然表示他的职业水准是不够的。

当这位病人走了之后，费伦特医生关了私人诊所，写了一封信给阿格尼丝——一位女佣，她一个礼拜来打扫两次。他是这样写的：

"亲爱的阿格尼丝：最近很少看到你。我想我该抽点时间，为你做的清洁工作致意。顺便一提的是，每周2小时，时间并不算少。假如你愿意，请随时来工作半个小时，做些你认为应该经常做的事，像清理漱口杯托盘等等。当然，我也会为这额外的服务付钱的。"

第二天，他走进办公室时，他的桌子和椅子，被擦得光洁如新。当他走进诊疗室后，看到从未有过的干净、光亮的铬制杯托放在储存柜里。面对工作不力的女佣，费伦特医生可以指责她，但这样做只会引起她的怨愤，当然，医生也可以另请一名女佣，但新女佣也未必会比阿格尼丝做得更好。于是费伦特医生选择送对方一顶"高帽"，为了这个小小的赞美，女佣工作得更加卖力认真，那么她用了多少额外时间呢？一点都没有。

值得注意的是，给人戴"高帽"也不是轻而易举的事，所谓的"拍马屁""阿谀""谄媚"，都是技艺拙劣的高帽工厂加工的伪劣产品，因为它们不符合赞美和恭维的标准。

高帽尽管好，可尺寸也得合乎规格才行。滥送帽子是不明智的。赞扬招致荣誉心，荣誉心产生满足感，当别人发现你言过其实时，会感到自己受到了愚弄。所以宁肯不去恭维，也不宜夸张无度。

某公司有位A女士，漂亮且聪明，而且嘴巴很甜。她的上司非常爱漂亮，又会搭配衣服，稍一动手，就变出很多看似一套套的新衣服。而那位甜嘴巴的女士，却成了这位上司的苦恼。因为，每天早上一到公司，对方那种令人不舒服的赞美就涌入耳中，"哇！经理！又买了一套新衣服，对不对？颜色好漂亮喔！穿在您身上就是不一样。"隔天一见面，又来了："看看看！又一套了，很贵喔？还有项链、耳环，也是新的吧？我就缺这个本事，不会像您如此会打扮。"不仅如此，她还当着客户"恭维"上司，说辞几乎都是："在我们'经理'英明的带领之下，我才有今天的成绩，好多人都问我跟我们'经理'多久了？其实也没多久啦，但是大人大度，肯教我嘛！"

上司终于被她的过分"恭维"及不诚的眼神弄烦了，只好告诉她："不是你没看过的就是新衣服，我的衣服有的五六年了，只是保养得好，配来配去就不一样啦！你一嚷嚷，人家以为我多浪费，怎么天天买新衣，以后请别再说我的衣服啦！"这位甜姐儿给上司送的高帽就很不得法，首先内容千篇一律、毫无新意，其次她的赞美给人的感觉就是不真诚。触犯了这两条送"高帽"的大忌，她的领导会喜欢才怪。

那么怎样才能完美地送出赞语呢？

首先，赞美要有独到之处。

赞美战术是人们经常使用的，对于某些人来说，可能有一些赞美是他们经常听到的。这些赞美往往是针对他们的最突出、最明显的特点，如外表看来比实际年龄更年轻、外表漂亮英俊、气质不凡等等，这些赞美之辞，对他而言已听到很多次，已成习惯，再听到同样的赞美，其效果会遵循报酬递减定律，最后被他解释为常规的交往程序，而不再具有特定的意义，甚至还会认为你对他没有更深入的了解。

因此，要把赞美的效果推向极致，就应该尽可能地使赞美对方的语言新颖些，与对方经常听到的赞美有所不同。新颖的事物总是优先引起人的注意，这时的赞美才能真正起作用。但既强调赞美的真诚基础，又要尽量新颖，这就需要你细心观察对方，深刻了解对方，赞美的内容由外及内，发现他不易为人发现的优点。这种发现显然需在大量的、深刻的交往中才能完成。

其次，赞美不可过多过滥。

在某段时间里，你对同一个人赞美的次数越多，那么赞美的作用力也就越低。比如故事中的A女士，她不停地赞美上司，她的赞美起不到应有的效果，反而会让人觉得肉麻。有时，尽管人们需要赞美，但赞美不能毫不吝啬地随便给予。如果你过于频繁地赞美某人，就极可能被对方误解为献媚者，甚至对你产生警惕、反感。

社会心理学家阿伦森的人际吸引水平变化规律说明，我们总是喜欢那些对自己的赞美不断增加的人，将自始至终都赞美自己的人和起初贬低自己但逐渐发展到赞美自己的人相比，我们更喜欢后者。强调要注意赞美的频率，也就是说要慎重地给予赞美。

再者，赞美最好间接送。

罗斯福有一个副官，名叫布德，他对颂扬和恭维，曾有过出色而有益的见解：背后颂扬别人的优点，比当面恭维更为有效。

这是一种至高的技巧，在人背后称赞人，在各种恭维的方法中，要算是最使人高兴的，也最有效果的了。

如果有人告诉我们：某某人在我们背后说了许多关于自己的好话，我们会不高兴吗？这种赞语，如果当着我们的面说，反而会使我们感到虚假，或者疑心他人不是诚心的，为什么间接听来的便觉得悦耳呢？因为那是真诚的。

赞美别人，最重要的一点是能让人乐于相信和接受。所以在送人赞语时要多动动脑子，把"高帽子"弄得过高过滥，反会让别人倒胃口。

看破千万别说破

通常情况下，他人心思要看破，但不要点破。人非圣贤，孰能无过。每个人都难免会做出一些不合适的事，这时，即使你已经看破对方的心思，也要把握好分寸，给对方留足面子，最好不要点破。在交际中，一般应尽量避免触及对方的敏感区，避免使对方当众出丑。

聪明的人总是直话不直说，说话会拐弯儿，能够委婉地表达自己的意思，使听者懂得弦外之音。理论上讲，待人处世中应该做到坦诚，不说假话，直来直去。而且在现实中，人们口头上也一向把直来直去的性格，作为一种美德倍加赞赏。如果你随便问一个朋友："你喜欢什么样性格的人？"

他往往会回答："性格豪爽、直来直去。"人们在称颂某人时，也往往说："他性格爽直，说话从不拐弯抹角，直来直去。"

做老实人说老实话，应该是待人处世的一条准则，但直炮筒子未必受欢迎。中国人的行为模式很特殊，最明显的一点就是，表面上一套，实际上可能是"意在言外"。换句话说，就是嘴上说喜欢"直来直去"，内心深处却并不喜欢"直来直去"。

直来直去，实际上就是"不给面子"，使对方心中不悦，以致造成双方关系破裂，甚至反目成仇。真是毫无意义，后悔晚矣！

朱元璋称帝后，要册封百官，可当他看完花名册时，心里又犯起了难。因为功臣有数，但亲朋不少。封吧，无功受禄，群臣不服；不封，面子上过不去。军师刘伯温看出朱元璋的难处，又不敢直谏，一来怕得罪皇亲国戚，惹来麻烦，二来又怕朱元璋受不了，落下罪名。但想到国家大事，不能视而不见，最后，他想出一个方法，画了一幅人头像，人头上长着束束乱发，每束发上都顶着一顶乌纱帽，献给了朱元璋。朱元璋接过画，细品其味，忽然哈哈大笑道："军师画中有话，乃苦口良药。真可谓人不可无师，无师则愚；国不可无贤，无贤则衰！"

原来，刘伯温画的意思是，"官(冠)多法(发)乱！"刘伯温此举，不但未伤害到朱元璋的面子，不犯龙颜，还道出了谏言：官多法必乱，法乱国必倾，国倾君必亡。画中有话，柔中有刚，也算是待人处世高明的"说话会拐弯儿"，使听者懂得话外之音，达到预期的目的。

《晏子春秋》中也记载了这样一则故事：

齐景公在位期间，特别喜欢修建亭台楼阁，以游玩观赏；喜欢穿戴华贵奇异的服饰，以图新奇和开心；喜欢通宵达旦地饮酒作乐，过着奢侈豪华的生活。

晏婴做景公的相国时，则用俭朴简约的生活约束自己，以劝谏景公。景公多次给他封赏，都被他拒绝了。景公很尊重晏子，不忍心他过平民一样艰苦清贫的生活。有一回，景公趁晏子出使晋国不在家的机会，给他建了所新房子，谁知晏子一回来，就把新房子拆了，给邻居们建房，把因给他建房而迁走了的邻居们都纷纷请了回来。景公知道了，很生气地说："你不愿打扰百姓、邻居，那么替你在宫内建一所住房行吗？我想和你朝夕相处。"晏子一听急了，对景公说："古人云，受宠信要能知道自我收敛。您这样做虽然是想亲近我，但我却会整天诚惶诚恐。我一个臣子怎么能这样做呢？那只会使我与您疏远开来。"

景公无法强求，只好退一步说："你的房子靠近闹市，低湿狭窄，整天吵吵闹闹，尘土飞扬，不能居住。给你换一个干燥清爽、安静一点的地方总可以吧？"晏子也不接受，他连忙辞谢，说："我的祖先就是世世代代住在这里的，我能继承这份遗产，就已经很满足了，而且这地方靠近街市，早晚出去都能买到我所要的东西，倒也方便。实在不敢再烦扰乡邻而另外再建房子。"景公听了，笑着问："靠近街市，那你一定知道东西的贵贱，生意的行情！""当然知道。百姓的喜怒哀怨，街市货物的走俏滞销，我都很熟悉。"景公觉得有趣，随口问道："你知道现在市场上什么东西贵？什么东西贱？"那时，景公喜怒无常，滥施刑罚，常常把犯人的脚砍下来，因而市场上有专门卖假脚的。晏子便想趁机劝谏景公说："据我所知，目前市场上价格最贵的是假脚，价格最贱的是鞋子！"

"真有意思，这是为什么呢？"齐景公对晏子的回答感到意外，便不解地问道。

　　"嗨——"晏子长吁了一口气，凄楚地说："只因为现在刑罚太重，被砍去脚的人太多了，所以鞋子没人买，假脚却不够卖！"

　　"噢——"齐景公半天说不出话来，脸上露出哀怜的神色，自言自语地说："我太残忍了，我对老百姓太狠心了。"于是，第二天就向全国发出了减轻刑罚的命令。

　　日常交往中，聪明的人总是直话不直说，说话会拐弯儿，委婉地表达自己的意思。晏子如果直接向齐景公建议减轻刑罚，不但达不到目的，而且很可能会引起齐景公的不悦，到头来事与愿违，后果也很难设想。

微笑是应酬的催化剂

生活中，微笑是一种艺术、一门学问，用你的微笑去欢迎每一个人，那么你就会成为最受欢迎的人。微笑不会花费你一毛钱，但却能给你创造许多奇迹。

在应酬中，那些热情乐观的人，往往能让周围的人感受到这种温暖和积极向上的精神。对任何人来说，表达热情的最好的表现办法莫过于微笑。的确，没有人能轻易拒绝一张笑脸。笑是人的本能，要人类将笑容从脸上抹去是件很困难的事情。由于人类具有这样的本能，因此微笑就成了两个人之间最短的距离，具有神奇的魔力。

美国的希尔顿饭店名贯五洲，是世界上最负盛名和财富的酒店之一。董事长唐纳·希尔顿认为：是微笑给希尔顿带来了繁荣。

为什么希尔顿这么重视微笑呢？许多年前，一位老妇人在希尔顿心情不好的时候去拜访他，希尔顿不耐烦地抬起头，他看见的是一张微笑的脸。这张笑脸的力量是那么不可抗拒，希尔顿立即请她坐下，两人开始了愉快的交谈。

交谈中他发现老妇人真的是那么慈祥，她脸上真诚的微笑完全感染了他。从此，他把"微笑"服务作为饭店的宗旨。每当他在世界各地的希尔顿饭店视察时，总会问员工："今天，你对客户微笑了吗？"

如果你去任何一家希尔顿饭店，你就会亲身感受到——希尔顿的微笑。

唐纳·希尔顿曾经说过：微笑是最简单、最省钱、最可行也最容易做到的，更重要的是，微笑是成本最低、收益最高的投资。

因此，他要求员工不管多么辛苦，多么委屈，都要记住任何时候对任何客户，用心真诚地微笑。即使是在20世纪30年代的大萧条时期——那个每个人脸上都挂着愁云惨雾的时代，希尔顿的员工仍然用自己的笑容给每位客户带去阳光。大萧条过后，希尔顿率先进入了繁荣期。

没有什么东西能比一个灿烂的微笑更能打动人的了。微笑具有神奇的魔力，它能够化解人与人之间的隔膜和芥蒂；微笑也是你积极向上和乐观热情的标志。所以，在与人交往时，记住带上你的微笑，如此轻而易举的事情，却会给你带来无穷的益处。一旦你展现出真诚温暖的微笑，你就会发现，你的生活从此就会变得更加融洽美好，而人们也喜欢享受你那阳光灿烂的微笑。

年轻美丽的女导购员南茜正在清理柜台上的浮尘，看到顾客来了，她立刻微笑着打招呼。

"曾经有一位顾客，本来只打算在柜台前休息一会儿的，随便看了看我们的宣传册，我笑着给她介绍各种商品，我们聊得很开心，最后这位顾客买了一套化妆品，现在都成了我的会员了。"

"我觉得这与我的微笑是分不开的，我现在的生活很简单：开心地工作，开心地笑。有时候你的微笑可能换来的是面如冰霜，但只要自己心里舒坦就行了。不过，大多数时候，我收获的还是微笑，感到很欣慰。"南茜微笑着讲述自己的故事。

"微笑是心灵上无声的问好，能营造出温馨的购物氛围。"这是她对微笑的理解。

一个人的面部表情，有时候甚至比衣着和长相本身更重要。笑容能照亮所有看到它的人，像穿过乌云的太阳，带给人们温暖。当你去上班的时候，请对大楼的电梯管理员微笑，请对大楼门口的警卫微笑，请对公交车的售票小姐微笑，请对你的上司和同事微笑……请对你见到的所有人微笑，你很快就会发现，每一个人也对你报以微笑。

有人说，让微笑时刻挂在嘴边很难。其实这不难，不过需要你认真地进行练习罢了。每天早起对着镜子微笑5分钟，反复这样地练习21天，你就能够自然而然地露出微笑来。况且，早上从镜子中看到自己的笑容，相信你的一天都是快乐无比的。

戴维·史汀生是美国一家小有名气的公司总裁，在他还很年轻的时候，就已经具备了成功男人应该具备的所有优点：他有明确的人生目标，有不断克服困难、超越自己和别人的毅力与信心；他大步流星、雷厉风行，办事干脆利索、从不拖沓；他的嗓音深沉圆润，讲话切中要害；而且他总是显得雄心勃勃、富于朝气。他对于生活的认真与投入是有口皆碑的，而且，他对于同事们也很真诚，讲求公平对待，与他深交的人都会为自己拥有这样一个好朋友而自豪。

但初次见到他的人却对他很少有好感。这令熟识他的人大为吃惊。为什么呢？仔细观察后才发现，原来他脸上几乎没有笑容。

他深沉严峻的脸上永远是炯炯的目光、紧闭的嘴唇和紧咬的牙关。即便在轻松的社交场合也是如此。他在舞池中优美的舞姿几乎令所有的女士动心，但却很少有人同他跳舞。公司的女员工见了他更是畏如虎豹，男员工对他的支持与认同也不是很多。而事实上他只是缺少了一样东西，一样足以致命的东西——一副动人的、微笑的面孔。

因为微笑是一种宽容、一种接纳，而这位总裁紧闭的嘴唇、咬紧的牙关则是向人们传递了这样一条信息：烦着呢！别靠近我！试想在这样的情况下，谁还愿意同他接近？

人是喜爱微笑的动物。笑是上帝赋予人类的一项特权，真诚的微笑可以缩短人与人之间的距离。试想，当我们遇到一位陌生人正对着你笑时，你是否感觉到有一种无形的力量在推着你跟他接近？

有句谚语说得好：微笑是两个人之间最短的距离。人际交往中离不开笑，一个没有笑的世界简直就是一个人间地狱。

在业务往来和应酬场合中，笑能带来许多意想不到的效果。笑，使人变得善良友好；笑，让人觉得喜庆吉祥；笑，让人感到亲切自然；笑，表明你的心胸坦荡。所以，当你笑的时候，别人才会把你当作朋友，才能向你敞开心胸。

如若你到某单位找人时，对所见到的第一个人，包括收发室的人微笑，笑得谦虚热情，表示对他给自己的帮助致以谢意；看到他们单位的房舍布局装饰要从心里有一种赞赏之情；在见到要找的人后，要非常高兴，然后把对他们单位的外部环境所留给自己的好印象告诉对方，并对对方在如此优美的环境里工作，表示羡慕；如果在见到要找的人之前你曾问过几个人，那么也要告诉对方，他们单位的每一个人都热情而彬彬有礼，你羡慕他们这里的同事之间的友谊。你这种欢乐的心情和对他们单位的赞赏都会给对方带来好情绪，他会在这一天当中都有一种特别高兴的感觉，会一直想着你这个非常"喜相"的让人感到快乐的客人。对方高兴了，在与他谈业务时就会有一个很好的气氛。

那么怎样才能学会自然地微笑呢？

生活中，如果你对别人抱着友好的态度，对社会具有好感，自然会笑口常开，久而久之，微笑会自然地变成你自身的一部分。当你遇到别人时，如果心中想："啊！能看到你，真高兴！"把这种心情表现在你脸上，你会显得满面春风。

你每天都应抽出点时间去笑。在家庭中，也特别需要这样的调剂。笑，能使你在社会上人际关系融洽，家庭中天伦之乐融融。当你某一时刻心情恶劣时，设法使自己笑出来，是改变心情最好的办法。

无论你遇到的困难多么大，处境如何痛苦，一旦你笑了，你就可能撑得过去，不会被困难压倒，也不会向处境屈服。

如果你平时不太喜欢笑，又想学会笑，那么可先从搜集和剪贴各种趣事和笑料做起。用剪贴簿搜集资料当然很花费时间，但是只建立一个简单的笑料档案很容易，把你所喜欢的和别人代你找到的笑话和漫画剪下来就可以了。

另外，再预备一本记事簿，记下日常生活中遇到的可笑事情，你一翻阅就会笑起来。

微笑是内心愉悦的自然流露，它会带给你很多方便。你可能发现以前同别人相处很难，现在却完全相反。微笑是疲倦者的软床、沮丧者的兴奋剂、悲哀者的阳光，所以，如果你希望获得别人的欢迎，那就别忘了对别人展露你灿烂的微笑。